高等职业教育数字媒体类专业规划教材

Photoshop 图像处理与设计

阮进军　唐云龙◎主　编

赵晓伟　吴莹莹　梅海峰　赵　宁◎副主编

张　豪　张　阳　朱正国

U0310719

中国铁道出版社有限公司

CHINA RAILWAY PUBLISHING HOUSE CO., LTD.

内 容 简 介

Photoshop 是 Adobe 公司开发的一款图形图像处理软件，它具有强大的图像处理功能，是平面设计人员和图像处理爱好者必须掌握的基本图像设计软件。

全书分为 8 个单元，主要内容包括 Photoshop CC 入门，图形图像素材的选择与变换，调整图像的色彩与色调，图形图像素材的合成，绘制、修饰与修复图像，文字工具与矢量工具，滤镜与通道的应用以及综合案例制作。结合 Photoshop CC 的基本工具和基础操作，提供了 30 个精选任务案例，以及 6 个综合实训项目。

本书结构清晰、语言简洁、实例丰富、版式精美，适合作为高等职业院校相关专业的教材，也适合 Photoshop 软件、平面设计、数码影像后期处理初级读者参考阅读。

图书在版编目（CIP）数据

Photoshop 图像处理与设计 / 阮进军，唐云龙主编 . —北京：中国铁道出版社有限公司，2021.9（2024.7 重印）
高等职业教育数字媒体类专业规划教材
ISBN 978-7-113-28258-5

Ⅰ. ① P… Ⅱ. ①阮…②唐… Ⅲ. ①图像处理软件-高等职业教育-教材 Ⅳ. ① TP391.413

中国版本图书馆 CIP 数据核字（2021）第 162500 号

书　　名：Photoshop 图像处理与设计
作　　者：阮进军　唐云龙

策　　划：刘梦珂　汪　敏
责任编辑：汪　敏　包　宁　　　　　　　编辑部电话：（010）51873628
封面设计：郑春鹏
责任校对：孙　玫
责任印制：樊启鹏

出版发行：中国铁道出版社有限公司（100054，北京市西城区右安门西街 8 号）
网　　址：https://www.tdpress.com/51eds/
印　　刷：北京铭成印刷有限公司
版　　次：2021 年 9 月第 1 版　2024 年 7 月第 3 次印刷
开　　本：850 mm×1 168 mm　1/16　印张：20.5　字数：484 千
书　　号：ISBN 978-7-113-28258-5
定　　价：56.00 元

序

互联网带来了全球数字化信息传播的革命。以互联网作为信息互动传播载体的数字媒体已成为继语言、文字和电子技术之后最新的信息载体。数字电视、数字图像、数字音乐、数字动漫、网络广告、数字摄影摄像、数字虚拟现实等基于互联网的新技术的开发，创造了全新的艺术样式和信息传播方式，如丰富多彩的网络流媒体广告、多媒体电子出版物、虚拟音乐会、虚拟画廊和艺术博物馆、交互式小说、网上购物、虚拟逼真的三维空间网站以及正在发展中的数字电视广播等。数字媒体时代的到来催生了研发和应用人才的需求。

为了有效推进和深化应用型、职业型教育数字媒体类课程教学改革，进一步改善应用型与职业教育数字媒体类课程教学质量，推动和促进数字媒体等技术的发展与创新，提高在校大学生运用数字媒体技术解决实际问题的综合能力，中国铁道出版社有限公司依托安徽省大学生数字媒体创新设计大赛，联合一批省内专家规划了这套"高等职业教育数字媒体类专业规划教材"。本套教材有以下几个方面值得推荐：

1. 依托安徽省教育厅主办的"数字媒体创新设计赛"已经形成的优势和基础

大赛侧重四维的要求，即主题维、表现维、传播维、团队维。主题维方面，以体现"大美中国，美好家园"主题的数字媒体作品为载体，重点突出"美丽中国，魅力中国，绿色中国，和谐中国，创新中国"；表现维方面，强调对数字媒体技术的有效应用，传播维方面，要求符合当前传播媒体的规范，团队维方面，要求促进创作团队建设，构建可持续发展的基础力量。

几年来的竞赛成果表明，我们的愿景得到了有效实现。竞赛活动激发了全省在校大学生对数字媒体知识和技能的学习兴趣和潜能，促进了优秀人文与数字媒体相融合，加快了在校大学生运用数字媒体技术解决实际问题的综合能力的提升。借助竞赛促进各单位数字媒体创新设计赛的团队建设，为数字媒体创新设计的人才培养和教材建设提供有力的支撑。

2. 教材建设的指导原则

在广大参与高校的共同努力下，我们探索了相应的教材建设方案。

（1）"大"处着眼：高质量、高水平；瞄准高水平人才培养；瞄准未来教材建设、课程建设评优、评奖；促进相关教师从教材建设、课程建设、教材应用等方面获益；促进竞赛水平的不断发展。

（2）"优"处着手：借助优势条件，推进教材、教学资源的建设，以及相应的教材应用。

（3）教材立体化：从目前将要出版的几种教材来看，各种数字化建设都在配套开展，部分教学实践已经在同步进行，且对一线教师提供了完整的教学资源，整体呈现出在教材建设上的一个跨越式发展态势，必将为新时期的人才培养大目标做出可预期的贡献。

（4）探索未来：不断完善教材建设模式，适应科技发展对人才培养的需要。

3. 有机融入课程思政元素

课程思政以立德树人为教育目的，体现了立足中国大地办大学的新的课程观。本套教材有机地融入课程思政元素，通过选取合适的案例和内容并有机地融入教材，体现家国情怀和使命担当，引导学生树立正确的人生观和价值观。

非常高兴的是，本套教材的作者大都是教学与科研两方面的带头人，具有高学历、高职称，更是具有教学研究情怀的一线实践者。他们设计教学过程，创新教学环境，实践教学改革，将理念、经验与结果呈现在教材中。更重要的是，在这个分享的时代，教材编写组开展了多种形式的多校协同建设，采用更大的样本做教改探索，提高了研究的科学性和资源的覆盖面，必将被更多的一线教师所接受。

在当今数字理念日益普及的形势下，与之配合的教育模式以及相关的诸多建设都还在探索阶段，教材无疑是一个重要的落地抓手。本套教材就是数字媒体教学方面很好的实践方案，既继承了"互联网+"的指导思想，又融合了数字化思维，同时支持了在线开放模式，其内容前瞻、体系灵活、资源丰富，是值得关注的一套好教材。

2021年8月

Photoshop是Adobe公司旗下最出名的图像处理软件之一，是集图像扫描、编辑修改、图像制作、广告创意，图像输入与输出于一体的图像处理软件，深受广大平面设计人员和计算机美术爱好者的喜爱。作为一款十分优秀的图像处理软件，Photoshop在许多领域都具有非常广泛的应用，如平面设计、视觉创意、网页设计、建筑效果图后期修饰、照片修复、桌面排版、数码摄影、字体设计等，而且其实际应用范围还在不断拓宽，如影视后期制作、二维动画制作等。自从Photoshop问世以来，其强大的功能和无限的创意空间使得设计师爱不释手，通过它创造出无数神奇的艺术精品。

本书由具有多年Photoshop软件使用经验和平面设计经验的企业设计师和从事多年职业教育相关课程的高校教师共同合作编写，根据企业岗位要求，编写相关案例，强调针对性与实用性，训练学生完成实际工作的能力。在编写之前大家有个共识，本书的定位不能仅仅局限于Photoshop软件本身，更要使读者对平面设计的流程有全面的认识，不仅要有熟练的软件操作能力，而且要有较为扎实的理论功底，这样才能在技术不断更新的情况下保持优秀的职业能力。

基于以上思考，编写组对Photoshop软件、平面设计的全流程进行了仔细分析和梳理，在自身专业知识和从业经验的积累基础上，借鉴相关同行以及网络资源中的内容组织方式。一方面将Photoshop的学习过程分成八个阶段，分别是Photoshop的基本操作和图像处理知识，图形图像素材的选择与变换，调整图像的色彩与色调，图形图像素材的合成，绘制、修饰与修复图像，文字工具与矢量工具，滤镜与通道的应用以及综合案例制作。另外，本书内容有两条主线：一条是实际操作案例，在案例选择上由浅至深，循序渐进；另一条是融入设计理论的知识点讲解。两条主线紧密融合，非常完整地展现了Photoshop的所有命令和工具，同时也展现了整个平面设计流程，读者学习后可以融会贯通、举一反三，制作出更好的设计作品。教材具体内容如下：

单元一 Photoshop入门，介绍了图像处理基础知识与Photoshop界面和基本操作。

单元二 图形图像素材的选择与变换，介绍了选区工具的基本操作与高级技巧，主要包括选区的概念、常用的选区工具、选区编辑方法命令等。

单元三 调整图像的色彩与色调，介绍了通过相关命令对数码照片进行色彩、色调处理的方法。

单元四 图形图像素材的合成，介绍了图层、蒙版的基本操作与高级技巧，主要包括图层、蒙版的概念，图层面板、菜单的使用方法等。

单元五 绘制、修饰与修复图像，介绍了画笔工具组的使用，画笔工具绘制图像的方法，修复类画笔工具组、历史记录画笔工具组的使用方法和技巧。

单元六 文字工具与矢量工具，介绍在Photoshop中文字工具的使用方法，矢量工具的应用，形状与路径的创建。

单元七 滤镜与通道的应用，介绍了通道的概念和应用方法，常见滤镜效果展示及应用。

单元八 综合案例制作，结合前面学习的基础工具和命令，带领读者设计六个实用的商业案例。

在上面提到的八个单元中，单元一至单元七以每节一个案例的形式来呈现，按节细化知识点，用案例带动知识点的学习，在学习这些单元时，读者需要多上机实践，认真体会各种工具的操作技巧。第8单元为商业综合案例，在学习时，读者需要仔细琢磨其中的设计思路、技巧和理念。在学习过程中，读者一定要亲自实践教材中的案例。

本书结构清晰，语言简洁，实例丰富，特色鲜明，具有以下几个特点：

• 单元设计紧扣平面设计、图像处理流程

首先让读者掌握平面设计、图像处理的整体流程，然后分别按照平面设计、图像处理的标准流程进行介绍，符合认知规律，使读者学习后更容易在真实工作岗位中快速上手。

• 基础知识与操作任务紧密结合

本书摒弃了传统教科书纯理论式的教学，大量采用实际操作任务进行讲解，在任务操作的基础上辅助采用关键性的基础知识加以理解，从实践到理论，又从理论回归实践。

• 内容覆盖更加完整，介绍更加深入、直观

软件教学的内容涵盖更加完整，目前大部分同类书籍对Photoshop软件及平面设计基本流程介绍不够深入、直观，本书总结经验，比较合理地解决了以上问题，平面设计、图像处理基本流程阐述更加深入，操作说明清晰明了，综合案例制作涵盖平面设计行业的方方面面。

• 完整教学案例和电子资源

教材案例完整，所有实例全部采用详细步骤说明与实际操作相结合的写作手法，使读者通过阅读文字与观察操作步骤中的图示，边学边操作。教材中设计的案例均提供调用素材和源文件，并均配有操作实例的高清多媒体有声教学视频。同时，为方便老师教学，还配备了PPT教学课件，以供参考。相应资源请登录中国铁道出版社有限公司教育资源数字化平台http://www.tdpress.com/51eds/下载。

在学习本书时，除了熟练掌握Photoshop软件外，一方面需要具备美术等基本设计素养、可以自修平面、色彩构成等相关知识，增强设计美感。另一方面还需要掌握其他各类设计相关的软件使用方法，在学习过程中需要利用各类资源进一步强化学习。

本书由安徽商贸职业技术学院阮进军、唐云龙任主编，全书编写分工如下：阮进军编写单元一，赵晓伟（安徽商贸职业技术学院）编写单元二，吴莹莹（安徽商贸职业技术学院）编写单元三，唐云龙编写单元四，张阳（安徽机电职业技术学院）编写单元五，赵宁、张豪（安徽商贸职业技术学院）编写单元六，梅海峰（安徽商贸职业技术学院）编写单元七，朱正国（安徽城市管理职业学院）编写单元八。

由于编者知识水平有限，书中难免存在疏漏和不足之处，恳请广大读者批评和指正。

编　者

2021年6月

目 录

单元 ① Photoshop CC入门

Adobe公司推出的Photoshop CC可以处理由像素所构成的数字图像，被广泛运用于图像、图形、文字、视频、出版等领域，本单元将引导读者了解Photoshop图像处理的基础知识。

学习目标：

- 了解Photoshop CC的工作界面和图像处理基本常识
- 掌握文件的基本操作
- 掌握前景色和背景色的使用方法
- 掌握标尺、图像和画布尺寸的调整等常用方法
- 掌握"动作"批处理

任务一 制作第一个合成图像

使用Photoshop CC处理图像，首先要了解Photoshop CC工作界面中各种组成元素的使用，文件的基本操作以及一些与图像处理相关的基本概念。

任务描述

启动Photoshop CC软件，打开本书提供的素材文件，制作图1-1所示的合成图像，并分别保存为"合成图像.psd"和"合成图像.jpg"，了解Photoshop CC的工作界面，掌握文件的基本操作。

任务实施

步骤1 启动Photoshop CC软件后，选择"文件"→"新建"命令（或者按【Ctrl+N】组合键），打开"新建"对话框，如图1-2所示。设置相应的参数："名称"为合成图像，"预设"

图1-1 合成图像

为自定，文件"宽度"为750像素，"高度"为1 334像素，"分辨率"为72像素/英寸，"颜色模式"为RGB颜色，"背景内容"选择"白色"，单击"确定"按钮新建一个空白图像文件。

步骤2 选择"文件"→"打开"命令，打开"打开"对话框，如图1-3所示。浏览并选中本书配套的素材文件"合成图像背景.jpg"文件。如图1-4所示，此刻系统默认将"合成图像背景.jpg"的图像窗口设置为当前窗口。

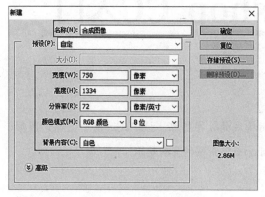

图1-2 新建图像文件

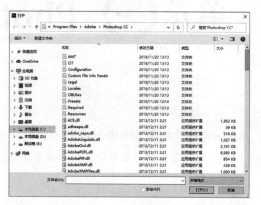

图1-3 打开图像文件

💡 **小技巧**

Photoshop CC软件中几乎所有的菜单及工具使用，都可以在英文输入状态下使用相应的快捷键进行操作。例如，上述打开文件操作，可以使用【Ctrl+O】组合键。

步骤3 按【Ctrl+A】组合键全选素材图片后，再使用【Ctrl+C】组合键复制图片，然后单击步骤1中新建的"合成图像.psd"标签，将其选择为当前窗口后，使用【Ctrl+V】组合键将刚才复制的图像粘贴到当前窗口，如图1-5所示。

图1-4 打开素材文件

图1-5 复制素材图像

步骤4 选择"文件"→"置入嵌入的智能对象"命令。浏览并选中本书配套的素材文件

"建筑.psd"文件，将其置入"合成图像.psd"窗口，如图1-6所示。

图1-6　置入嵌入的智能对象

小技巧

可以直接在Windows文件夹中选中需要置入的文件，按住鼠标左键拖动文件至Photoshop的当前窗口则完成置入操作。相应的打开文件的操作则需要将文件拖动到Photoshop的窗口标签栏中，如图1-7所示。

（a）"置入"拖动文件至Photoshop的当前窗口　　　　　（b）"打开文件"拖动文件至窗口标签栏中

图1-7　拖动文件置入或打开文件

步骤5 使用鼠标调整图片大小，并将其移动到合适位置后按【Enter】键确认置入，如果需要再次调整位置，可以选择工具箱中的"移动工具" 进行拖动调整，如图1-8所示。

步骤6 选择"文件"→"存储"命令（或者按【Ctrl+S】组合键），打开"另存为"对话框，如图1-9所示。此时系统已经将步骤1中命名的文件名"合成图像"默认为文件名，因此只需要选择文件的保存类型。系统默认为PSD文件格式，单击"保存"按钮将图像保存为"合成图像.psd"。

图1-8　调整图像大小、位置

图1-9　"另存为"对话框

步骤7 选择"文件"→"存储为"命令（或者按【Ctrl+Shift+S】组合键），打开"另存为"对话框，选择文件的保存类型为jpg。单击"保存"按钮，打开"JPEG选项"对话框，如图1-10所示，读者可以根据自己对作品的品质要求选择保存品质。（品质越高文件占用的存储空间越大。）

任务拓展

打开本书提供的素材文件，制作图1-11所示的合成图像，并分别保存为"合成图像2.psd"和"合成图像2.jpg"。

图1-10　"JPEG选项"对话框

图1-11　合成图像2

📖 相关知识

一、Photoshop CC工作界面

启动Photoshop CC软件，打开素材文件"合成图像背景.jpg"，进入Photoshop CC工作界面，如图1-12所示。

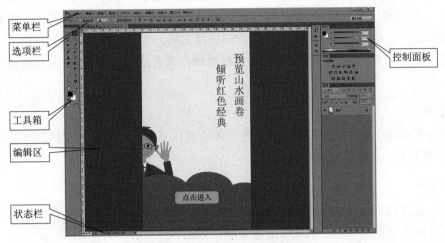

图1-12　Photoshop CC工作界面

1. 菜单栏

菜单栏位于Photoshop CC工作界面的最上方。菜单栏中包括文件、编辑、图像、图层、类型、选择、滤镜、视图、窗口、帮助菜单项。每个菜单中又包含多个具体命令，通过选择相应命令可以实现具体的操作。单击一个菜单即可打开该菜单。在菜单中，不同功能的命令之间采用分隔线隔开。带有黑色三角标记的命令表示还包含有子菜单，如图1-13所示。

| 图层(L) | 文字(Y) | 选择(S) | 滤镜(T) | 视图(V) | 窗口(W) | 帮助(H) |

新建(N)	▶	图层(L)...	Shift+Ctrl+N
复制 CSS		背景图层(B)...	
复制图层(D)...		组(G)...	
删除	▶	从图层建立组(A)...	
重命名图层...		通过拷贝的图层	Ctrl+J
图层样式(Y)	▶	通过剪切的图层	Shift+Ctrl+J

图1-13　菜单栏

2. 选项栏

选项栏位于菜单栏下方。它根据用户当前选择工具箱中的工具不同，显示不同的属性。例如，当前选中的是"移动工具" ，选项栏显示的就是移动工具的具体属性，如图1-14所示。

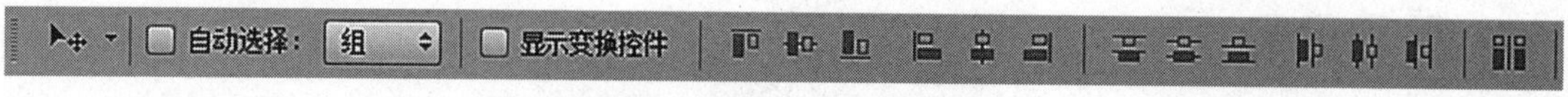

图1-14　移动工具选项属性

3. 工具箱

工具箱位于Photoshop CC工作界面的左侧，其中显示的是常用的一些工具。单击工具箱顶部的■■图标，可以将工具箱切换为单排或双排显示。工具箱中包含了移动工具、选框工具、套索工具、魔棒工具、裁剪工具、吸管工具、仿制图章工具、文字工具，如图1-15所示。每个工具又包含了若干个子工具，用户可以右击图标进行选择，或者连续按【Shift+工具快捷键】组合键循环选择。

4. 状态栏

状态栏位于Photoshop CC工作界面的底侧，单击可以显示文档大小、文档尺寸、当前工具和窗口缩放比例等信息，如图1-16所示。

5. 控制面板

控制面板位于Photoshop CC工作界面的右侧，它为图形图像处理提供了各种各样的辅助功能。用户可以在窗口菜单中将它们选中进行定制，如图1-17所示。

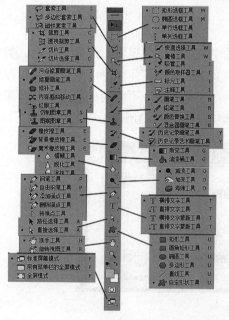

图1-15　工具箱

图1-16　状态栏

图1-17　定制控制面板

用户单击控制面板上方的■■或■■按钮可以将控制面板根据实际需求进行展开，如图1-18（a）所示。折叠后，单击相应的图标则可以单独打开所选面板，例如，单击导航器图标■，则可展开该面板，如图1-18（b）所示。

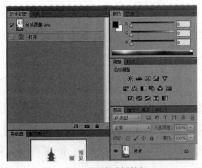

（a）展开控制面板　　　　　　　（b）单独打开所选面板

图1-18　控制面板

6. 图像编辑区

图像编辑区位于Photoshop CC工作界面的中央位置，每当用户打开或创建一个图像，系统都会自动创建一个图像编辑窗口，多个图像则会用各自的选项卡进行区分。用户可以单击选项卡标签将其设置为当前操作窗口，如图1-19所示。

图1-19　多个编辑窗口

选择"窗口"→"排列"命令可以将全部窗口进行排列［见图1-20（a）］，例如，选择"全部垂直拼贴"的效果如图1-20（b）所示。

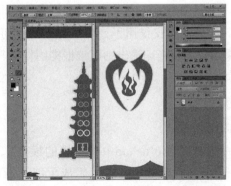

（a）窗口排列菜单项　　　　　　　（b）全部垂直拼贴

图1-20　"排列"操作

二、图像处理相关概念

图像处理过程中经常需要设置图片的常用属性，所涉及的常用术语介绍如下：

1. 位图和矢量图

位图又称点阵图像、像素图像或栅格图像，它是由像素这个最小单位构成，每个像素有自己的颜色信息，这些像素点可以进行不同的排列和染色以构成图样在对位图图像进行编辑操作时，可操作的对象是每个像素，通过改变图像的色相、饱和度、明度，就可改变图像的显示效果。位图的大小与质量取决于图像中像素点的多少（单位面积）。对于位图图像来说，组成图像的色块越少，图像就会越模糊，组成图像的色块越多，图像越清晰，但存储文件时所需要的存储空间也会比较大。位图进行放大显示时，可以清晰地看到色块，如图1-21所示。

矢量图又称向量图形，它是用数学方式描述的线条与色块组成的图像，因此矢量图在计算机内部表示成一系列数值而不是像素点。矢量图保存图形信息的方法与分辨率无关，当对矢量图进行缩放时，图形仍能保持原有的清晰度，且色彩不失真，如图1-22所示。矢量图形的大小与图形的复杂程度有关，即简单的图形所占用的存储空间较小，复杂的图形所占用的存储空间较大。如CorelDRAW、Illustrator绘图软件创建的图形都是矢量图，适用于编辑色彩较为单纯的色块或文字，如标志设计、图案设计、文字设计、版式设计等。

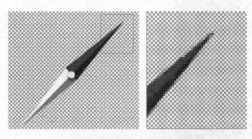

图1-21　放大显示位图效果

图1-22　放大显示矢量图效果

2. 图像分辨率

图像分辨率是指每英寸图像内有多少个像素点，分辨率的单位为"像素/英寸"（pixels per inch，ppi），它和图像的宽、高尺寸一起决定了图像文件的大小及图像质量。对于计算机的显示系统来说，一幅图像的ppi值是没有意义的，起作用的是这幅图像所包含的总的像素数，因此一般情况下，如果图像仅仅用于计算机显示，则可以将图像分辨率设置为与显示器的分辨率相同即可；如果图像用于打印输出则应该根据图像的具体打印尺寸设置更高的图像分辨率（300 ppi或者更高）。

3. 常用颜色模式

（1）RGB颜色模式

RGB颜色模式是Photoshop中最常用的模式，又称真彩色模式。RGB颜色模式中R代表红色，G代表绿色，B代表蓝色，它们组成了红、绿、蓝3种颜色通道，每个颜色通道包含了8位颜色信息，每一个信息是用0~255的亮度值来表示，这3个通道可以组合产生1 670多万种不同的颜色。因此RGB颜色模式不适用于印刷输出图像，更适合应用于电视、幻灯片、网页、多媒体的图像输出。

（2）CMYK颜色模式

CMYK代表印刷中的四种颜色，常用于印刷喷绘中使用。其中C代表青色，M代表洋红色，Y代表黄色，K代表黑色。它也组成了青、洋红、黄、黑4个通道，每个通道混合而构成了多种色彩。与RGB颜色模式不同的是在CMYK模式下Photoshop的许多滤镜效果将无法使用。

（3）灰度模式

灰度模式只存在灰度，包括了黑色到白色之间的256种不同深浅的灰色调色彩。图像的色彩饱和度都为0，亮度是唯一能够影响灰度图像模式的选项。一个彩色的图像转换为灰度模式时，所有的颜色信息都会被删除。虽然可以将灰色模式图像转化为彩色模式，但是图像中的色彩信息将不能完全恢复回来。

（4）Lab颜色模式

Lab颜色模式是所有模式中色彩范围最广的模式。Lab模式是以亮度（L）、a（由绿到红）、b（由蓝到黄）3个通道构成的。其中a和b的取值范围都是−120~120。如果将一幅RGB模式的图像转换成Lab颜色模式，大体上不会有太大的变化，但会比RGB颜色更清晰。

（5）索引颜色模式

索引颜色模式是一种通过对图片进行有损压缩的颜色模式，因此图片中的颜色总数比较少。每个像素只对应256种不同的颜色。这种颜色模式主要用于多媒体动画以及网页上。它主要是通过一个颜色表存放其所有颜色，如果使用者在查找一个颜色时，该颜色表中没有，那么其程序会自动为其选出一个接近的颜色或者是模拟此颜色。

（6）位图模式

位图模式中的图像，每个像素只会被纯黑或纯白两种颜色填充，不包含灰度和其他颜色，因此它也被称为黑白图像。如果将一幅图像转换成位图模式，应首先将其转换成灰度模式。

4.常用图像文件格式

（1）PSD格式（*.psd）

PSD格式是Photoshop的专用格式，很少被其他软件或工具所支持，它能保存图像数据的每一个细小部分，包括像素信息、图层信息、通道信息、蒙版信息、色彩模式信息，由于没有经过压缩，所以PSD格式的文件较大。

（2）GIF格式（*.gif）

GIF（Graphics Interchange Format，图形交换格式）用于以超文本标志语言（Hypertext Markup Language）方式显示索引彩色图像，它能保存背景透明化的图像形式，但只能处理256种色彩，常用于网络传输，其传输速度要比其他格式文件快得多。

（3）JPEG格式（*.jpg）

JPEG格式的文件压缩比例可以自由调节，但是它是通过有选择地扔掉数据来压缩文件大小，因此使用过高的压缩比例将造成图像数据的损失。JPEG格式的图像还被广泛应用于网页制作。该格式还支持CMYK、RGB和灰度色彩模式，但不支持Alpha通道。

（4）BMP格式（*.bmp）

BMP格式是标准的Windows及OS/2的图像文件格式，是Photoshop中最常用的位图格式。此种格式在保存文件时几乎不经过压缩，因此它的文件体积较大，占用的磁盘空间也较大。此种存储格式支持RGB、灰度、索引、位图等色彩模式，但不支持Alpha通道。

（5）TIFF格式（*.tif）

TIFF格式是一种通用的图像文件格式，TIFF格式采用的是LZW无损压缩或是不压缩的方法保存图像，优点是能最大限度地还原图像，但是会比JPG占用更多的空间。

任务二　制作图像边框

任务描述

启动Photoshop CC软件，打开素材文件，制作图1-23所示的图像边框效果。

图1-23　图像边框效果

任务实施

步骤1 启动Photoshop CC软件，选择"文件"→"打开"命令，浏览并打开本书配套的素材文件，如图1-24所示。

步骤2 单击状态栏，图片参数如图1-25所示，原图片的尺寸过大，需要调整图像的大小。

图1-24　打开素材文件

图1-25　素材文件参数信息

步骤3 选择"图像"→"图像大小"命令，打开"图像大小"对话框，如图1-26所示。将"高度"设置为20 cm，缩小原图片的尺寸。

图1-26　调整图像大小

步骤4 选择工具箱中的"缩放工具" 调整图片显示比例，将图片以100%比例显示，如图1-27所示。

图1-27　以100%比例显示图片

小技巧

可以使用【Ctrl+＋】组合键，放大显示比例，按【Ctrl+－】组合键缩小显示比例。

步骤5 在"图层"面板中，右击"背景"图层，在弹出的快捷菜单中选择"复制图层"命令，复制背景图层，如图1-28所示。

图1-28 复制背景图层

步骤6 选择"视图"→"标尺"命令，将标尺设置为可见状态，如图1-29所示。

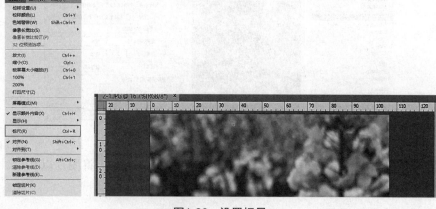

图1-29 设置标尺

步骤7 设置图像边框的宽度为3 cm，使用鼠标左键从标尺处拖动参考线，建立边框的参考线，如图1-30所示。

图1-30 图像边框参考线

步骤8 选择工具箱中的"矩形选框工具" ，单击"新建选区"按钮［见图1-31（a）］绘制图像外边框，再单击"从选区中减去"按钮［见图1-31（b）］绘制图像边框选区，如图1-32所示。

（a）单击"新建选区"按钮　　（b）单击"从选区中减去"按钮

图1-31　设置矩形选框工具属性

图1-32　绘制图像边框选区

步骤9　单击工具箱中的"设置前景色"按钮■，打开"拾色器（前景色）"对话框，如图1-33所示，按照图中所示数值，设置前景色的RGB颜色模式数值。

步骤10　单击工具箱中的"设置背景色"按钮■，打开"拾色器（背景色）"对话框，如图1-34所示，按照图中所示数值，设置背景色的RGB颜色模式数值。

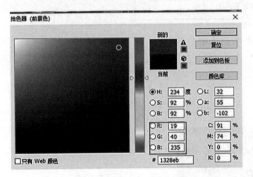

图1-33　前景色拾色器

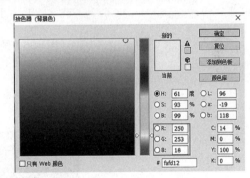

图1-34　背景色拾色器

步骤11　按【Alt+Delete】组合键将前景色填充至步骤8绘制的图像边框选区中，如图1-35所示。

图1-35　填充图像边框选区

小技巧

按【Ctrl+ Delete】组合键可将背景色填充至选区。

步骤12 选择"图像"→"画布大小"命令，打开"画布大小"对话框，在"新建大小"区域设置"宽度"为16 cm，"高度"为21 cm，将"画布扩展颜色"设置为"背景"，如图1-36所示，单击"确定"按钮，效果如图1-37所示。

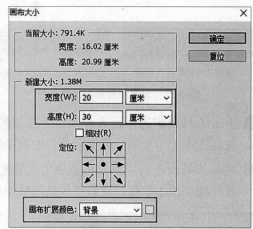

图1-36　画布大小对话框

图1-37　画布扩展效果

步骤13 选择工具箱中的"裁剪工具" 🔳 ，绘制一个裁剪框，调整画布尺寸，如图1-38所示，双击或者按【Enter】键确认，如图1-39所示。

图1-38 创建裁剪框

图1-39 图像裁剪效果

步骤14 选择"视图"→"清除参考线"命令，清除参考线，如图1-40所示。

图1-40 清除参考线

步骤15 选择"文件"→"存储"命令，打开"另存为"对话框，保存文件。

任务拓展

打开本书提供的素材文件，制作图1-41所示的图像边框。

图1-41　图像边框

相关知识

一、图像尺寸的调整

"图像大小"对话框如图1-42所示，用户可以根据需要调整图像的宽度、高度和分辨率，当用户调整图像的宽度和高度后，"图像大小"和尺寸都会相应改变。单击 按钮可以确定是否选中"缩放样式"，如果选中"缩放样式"则表示当图像缩小或放大时，那些附加的图像效果也会按比例缩小或放大，反之图像的附加效果将保持原尺寸不变。因此大多数情况下都应选中"缩放样式"。

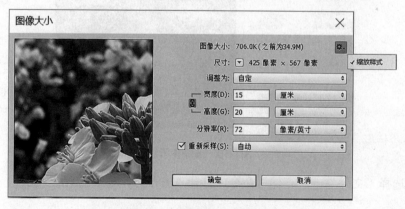

图1-42　"图像大小"对话框

"限制长宽比"按钮 可以将宽度和高度比例锁定，当用户修改宽度和高度其中一个时，另一个也会成比例自动修改。

"重新采样"复选框默认处于被选中状态，表示图像的尺寸将通过在宽度和高度上增加或减少像素来更改。如果未选中"重新采样"复选框，则当前正在调整图像大小。Photoshop CC将重新分配现有像素，以更改图像的物理尺寸或分辨率，如图1-43所示。

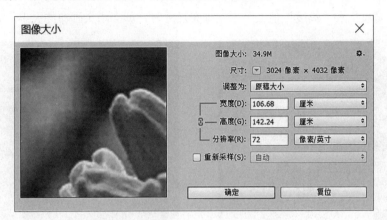

图1-43　未选中"重新采样"复选框

当选中"重新采样"复选框时，可以在多个选项中进行选择，如图1-44所示。

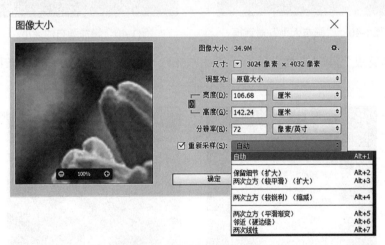

图1-44　"重新采样"选项

- 自动：默认选项，选择该选项时，Photoshop会根据用户对图像的操作自动进行选择。
- 保留细节（扩大）：主要是减少图片的杂色，如果图片不是很精细的话基本上看不出来，不过减少杂色会让图片更加细腻。
- 两次立方较平滑（扩大）：该选项可在自动之上让图像更加平滑。
- 两次立方较锋利（缩减）：该选项与上面的操作相反，主要是更多地保留图片的细节。
- 两次立方（平滑渐变）：该选项是将周围像素值作为依据的一种分析，处理的图片精度较高。
- 邻近（硬边缘）：该选项与两次立方的不同是，处理速度较快但是精度不高。
- 两次线性：该选项生成的图片比较中等，处理的依据是周围像素。

二、画布尺寸的调整

修改画布大小和修改图像尺寸的区别：修改画布的大小时，图像并不会随着画布的大小而整体变大或缩小。"画布大小"对话框如图1-45所示。

当输入的"宽度"和"高度"值大于原始画布尺寸时，就会增大画布的大小，如图1-46所示。

图1-45　"画布大小"对话框　　　　图1-46　增加画布的大小

当输入的"宽度"和"高度"值小于原始画布尺寸时，则会裁切超出画布区域的图像，如图1-47所示。

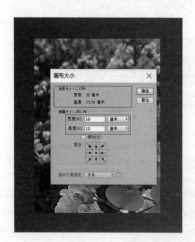

图1-47　缩小画布的大小

选中"相对"复选框时，"宽度"和"高度"数值将代表实际增大或减小的区域的大小，而不再代表整个文档的大小。输入正值表示增大画布，如设置"宽度"为5 cm，设置完成后单击"确定"按钮，此时画布就在宽度方向增加5 cm。如果输入负值则表示减小画布，如图1-48所示。

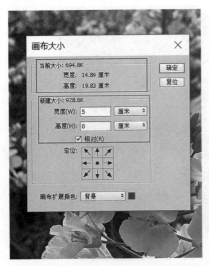

图1-48　"相对"增大或减小画布的大小

　　"定位"选项主要用来设置当前图像在新画布上的位置。例如，若要扩展画布左下方的大小，则在定位选项的右上角处单击，然后输入相应的数值，就可以只扩展画布左侧和下面，如图1-49所示。

　　"画布扩展颜色"选项用来设置超出原始画布区域的颜色，单击"扩展"按钮，可以在下拉菜单中选择使用"前景色""背景色""白色""黑色""灰色"作为扩展后画布的颜色，如图1-50所示。

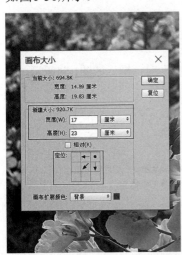

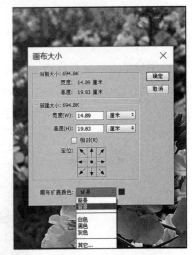

图1-49　"定位"增大或减小画布的大小　　　　　　图1-50　画布扩展颜色

　　当选择"其他"选项或单击右侧的"色块"时，弹出"拾色器"窗口，在其中可设置相应的颜色，如图1-51和图1-52所示。

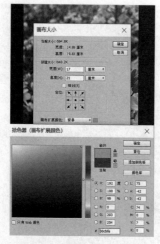

图1-51 画布扩展颜色设置　　　　图1-52 画布扩展颜色效果

三、前景色、背景色工具和拾色器

在Photoshop CC工具箱的底端设置了前景色和背景色工具，用户可以使用该工具设置当前使用的前景色和背景色，如图1-53所示。

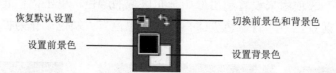

恢复默认设置　　　　　　　切换前景色和背景色

设置前景色　　　　　　　　设置背景色

图1-53 前景色和背景色工具

用户单击"设置前景色"或者"设置背景色"按钮，弹出"拾色器"对话框，如图1-54所示。

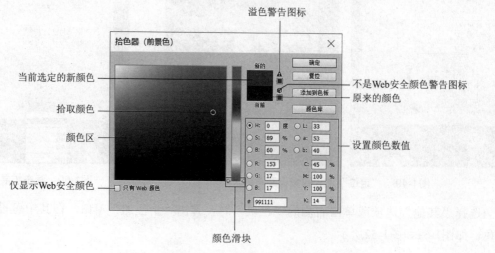

溢色警告图标

当前选定的新颜色

不是Web安全颜色警告图标
原来的颜色

拾取颜色

颜色区

设置颜色数值

仅显示Web安全颜色

颜色滑块

图1-54 "拾色器"对话框

颜色区可以理解为一个坐标轴，其中x轴表示饱和度（颜色中彩色含量的高低），y轴表示亮度，向上亮度增大，向右饱和度增大，最左侧为灰色。亮度决定用户是否可以看到彩色信息，亮度为0%即全黑，无论哪种色相和饱和度，都显示黑色；亮度为100%，饱和度为0%，可以显示色彩，但没有饱和度，显示白色；当饱和度为0%时，显示为灰色。

用户选择颜色的过程中可能会出现一些警告图标，具体如下：

- 溢色警告图标：当选择了某种颜色时，"拾色器"对话框和"颜色"面板中出现了一个"溢色警告"按钮 ⚠，这说明我们现在选择的颜色在CMYK中是一种无法打印出来的色彩。颜色下方的颜色方块中显示的就是与当前选择的颜色最接近的CMYK模式颜色，单击"溢色警告"按钮即可选定方块中的颜色。
- 不是Web安全颜色警告图标：这个警告标志表示用户当前选择的颜色是非Web安全色，如果该颜色用在网页制作上时，那在不同的计算机上显示出来的颜色可能不同。
- 颜色滑块：在这里色彩滑块表示颜色色相的变化。
- 仅显示Web安全颜色：勾选该选项表示只显示在网页上显示是安全的色彩。
- 设置颜色数值区域：颜色值表示色彩在HSB（色相、饱和度和明度）的值；在RGB（红、绿、蓝）颜色模式中RGB的相应值；在Lab和CMYK颜色模式中色彩的值。

四、标尺、参考线和网格线的设置

1. 标尺

标尺可帮助用户精确定位图像或元素。标尺出现在当前窗口的顶部和左侧。当用户移动指针时，标尺内的标记会显示指针的位置。选择"视图"→"标尺"命令，或者按【Ctrl+R】组合键，可以显示或隐藏标尺。

如果想要更改标尺的原点，可以将鼠标放到图像窗口左上角的标尺交叉点上，然后按住鼠标左键并沿着对角线向下拖动。可以看到跟着鼠标指针有一个十字线，如图1-55所示，松开鼠标，释放鼠标的位置就是标尺的新原点，如图1-56所示。

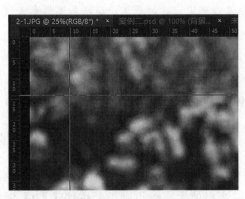
图1-55　更改标尺原点

图1-56　更改标尺原点效果

对标尺的各项参数可以在"编辑"→"首选项"→"单位与标尺"中进行设置，如图1-57所示。

2. 参考线

"参考线"是浮在整个图像窗口中但不被打印的直线。通常可以利用标尺和参考线在指定位置建立相应的参考线，用户可以移动、删除或锁定参考线。

选择"视图"→"新建参考线"命令，打开"新建参考线"对话框，如图1-58所示。设置位置参数为5 cm并选择"垂直"选项，此时在图片中就出现了一条纵向的参考线，如图1-59所示。若是想要移动参考线位置，则将鼠标放到参考线上，鼠标变化后就可以将其移动到想要移动的位置，若要删除新建的参考线，则可选择"视图"→"清除参考线"命令。

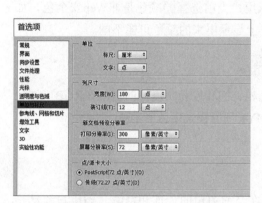

图1-57 首选项单位与标尺设置

图1-58 设置新建参考线

图1-59 新建参考线

小技巧

参考线也可以直接从标尺栏中拖出，即在水平标尺上按住左键并向下拖到所需的位置，然后松开，就创建了一条水平参考线。

删除参考线也可以直接将参考线移到图片之外。

选择"视图"→"锁定参考线"命令，可将参考线锁定，此时就不能移动和编辑参考线了。

3. 网格线

网格在默认情况下显示为非打印的直线，设置网格线可以将图像处理得更精准。选择"视图"→"显示"→"网格"命令，或者按【Ctrl+'】组合键，可以显示或隐藏网格，如图1-60所示。

五、放大、缩小图像

放大、缩小图像可以使用工具箱中的"缩放工具"，将鼠标指针移动到图片上，指针变成一个放大镜+，直接单击可放大，也可以右键选择放大。缩小则需要按住【Alt】键，放大镜+就会变成—，所以，缩小是按住【Alt】键不放，直接单击图片即可缩小，也可以右击选择缩小，如图1-61所示。

图1-60　新建网格线　　　　图1-61　放大、缩小图像

小技巧

可以使用工具箱中的"抓手工具"🖐拖动图像观察放大后的图像细节，也可以按住【Spacebar（空格）】键后用鼠标左键拖动。

任务三　应用动作制作图像边框

⌨（任务描述）

Photoshop CC的"动作"命令可以录制一组操作步骤，如果用户在实际操作中经常操作类似的效果，就可以使用"动作"中这些已经录制的步骤自动完成。打开本书提供的素材文件，使用"动作"命令录制操作步骤，制作图1-62所示的图像边框效果。

图1-62　图像边框效果

（任务实施）

步骤1 启动Photoshop CC软件，打开素材文件"动作画框1.jpg"，选择"窗口"→"动作"命令，打开"动作"面板，如图1-63所示。

步骤2 单击"创建新动作"按钮🔲，弹出"新建动作"对话框，设置动作名称、功能键等参数，如图1-64所示。

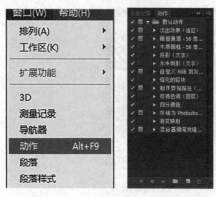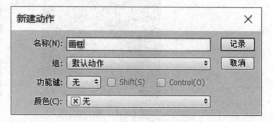

图1-63 打开"动作"面板　　　　　　　图1-64　"新建动作"对话框

步骤3 单击"记录"按钮，开始记录动作。选择工具箱中的"矩形选框工具"，绘制一个和图像大小相同的选区，如图1-65所示。

步骤4 选择工具箱中的"矩形选框工具"，单击属性栏中的"从选区中减去"按钮，绘制图像边框选区，如图1-66所示。

图1-65　绘制选区　　　　　　　　　图1-66　从选区中减去

步骤5 新建一个透明图层，如图1-67所示。

图1-67　新建透明图层

步骤6 设置前景色为蓝色（R：72，G：204，B：220），如图1-68所示。

步骤7 按【Alt+Delete】组合键将前景色填充到图像边框选区中，按【Ctrl+D】组合键取消选区，如图1-69所示。

图1-68　设置前景色

图1-69　填充前景色

步骤8 单击"停止记录"按钮▣，动作录制完毕，如图1-70所示。

步骤9 打开另一幅素材图片"动作画框2.jpg"，在"动作"面板中单击"播放选定动作"按钮▶，图像将应用此动作到"动作画框2.jpg"，效果如图1-71所示。

任务拓展

应用预设动作制作图1-72所示的图像边框。

图1-70　填充前景色

图1-71　应用动作

图1-72　图像边框

相关知识

"动作"面板

动作是一组操作步骤的组合。如果在实际操作中经常操作类似的效果，就可以录制"动作"。动作有两种形式，一种是预设"动作"，另一种是用户自己录制的动作。

1. 预设"动作"

"动作"面板提过了多种预设动作，使用这些预设动作可以快速制作各种不同的图像特效、文字特效、纹理特效等特效效果。

（1）预设"动作"的选择

"动作"面板初始状态只显示了"默认动作"，如果需要应用更多预设动作，可以单击"动作"面板右上角的扩展按钮，在弹出的面板菜单中选择相应的选项，例如需要增加"图像效果"，如图1-73所示。

打开需要应用效果的素材图片，如图1-74所示，选择需要应用的动作特效后，在"动作"面板中单击"播放选定动作"按钮，图像将应用动作，如图1-75和图1-76所示。

图1-73　动作面板扩展　　　　　　　　　　图1-74　打开素材图片

图1-75　应用动作　　　　　　　　　　图1-76　应用动作效果

2. 自定义新动作

自定义新动作过程中用户所用的命令和工具都将添加到动作中，直到停止记录。自定义新动作：单击"创建新动作"按钮█，弹出"新建动作"对话框，在其中设置相应参数，如图1-77所示。

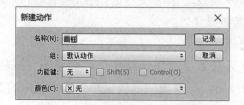

图1-77　"新建动作"对话框

图中"功能键"选项默认为"无"，也可以为该动作指定一个快捷键。可以选择功能键、【Ctrl】键（Windows)或【Command】键（Mac OS)和【Shift】键的任意组合（例如，【Ctrl+一】、【Shift+F3】），但有如下例外：在 Windows 中，不能使用【F1】键，也不能将【F4】或【F6】键与【Ctrl】键一起使用。

3. 动作记录原则

- 可以在动作中记录大多数（而非所有）命令。

- 可以记录用"选框""移动""多边形""套索""魔棒""裁剪""切片""魔术橡皮擦""渐变""油漆桶""文字""形状""注释""吸管""颜色取样器"工具执行的操作，也可以记录在"历史记录""色板""颜色""路径""通道""图层""样式""动作"面板中执行的操作。

- 结果取决于文件和程序设置变量，如当前图层和前景色。例如，3 像素高斯模糊在 72 ppi 文件上创建的效果与在 144 ppi 文件上创建的效果不同。"色彩平衡"也不适用于灰度文件。

- 如果记录的动作包括在对话框和面板中指定设置，则动作将反映在记录时有效的设置。如果在记录动作的同时更改对话框或面板中的设置，则会记录更改的值。

小　　结

通过本单元的学习，用户应该重点掌握以下内容：
- 了解 Photoshop CC 工作界面中主要组成元素的使用方法；
- 掌握位图、矢量图、图像分辨率、Photoshop 常用颜色模式及常用图像文件格式等概念；
- 掌握常用的新建、保存、打开、关闭等文件操作方法；
- 掌握前景色和背景色的使用方法；
- 掌握标尺、图像和画布尺寸的调整等常用方法；
- 掌握"动作"批处理。

练　　习

一、选择题

1. 下列（　　）方法能打开文件。
   A. 选择"文件"→"打开"命令　　　　　　　　　　B.【Ctrl+O】
   C. 单击属性栏中的"打开"按钮　　　　　　　　　D. Ctrl+双击界面空白
2. 新建文件时，可选择的图像模式有（　　）。
   A. 位图　　　　　B. RGB　　　　　C. CMYK　　　　　D. Lab　　　　　E. 灰度
3. 选择"编辑"→"填充"命令能对图像区域进行（　　）填充。
   A. 前景色　　　　B. 背景色　　　　C. 图案　　　　　D. 渐变色

4. 创建一个新文件用（　　）组合键。

  A.【Ctrl+O】　　　　B.【Ctrl+N】　　　　C.【Alt+F4】　　　　D.【Ctrl+W】

5. 打开图像文件用（　　）组合键。

  A.【Ctrl+O】　　　　B.【Ctrl+X】　　　　C.【Ctrl+D】　　　　D.【Ctrl+W】

6. 用于印刷的 Photoshop 图像文件必须设置为（　　）色彩模式。

  A. RGB　　　　B. 灰度　　　　C. CMYK　　　　D. 黑白位图

7. 移动参考线的操作为（　　）。

  A. 选择移动工具拖拉

  B. 无论当前使用何种工具，按住【Alt】键的同时单击

  C. 在工具箱中选择任何工具进行拖拉

  D. 无论当前使用何种工具，按住【Shift】键的同时单击

二、操作题

1. 创建一个800像素×600像素的文件。

2. 新建图层1，利用标尺绘制一个长宽分别为10 cm的正方形边框，填充红色前景色。

3. 创建动作，在新图层中绘制与任务三相同的边框。

4. 分别保存文件为PSD和JPG文件格式。

单元 ② 图形图像素材的选择与变换

本单元将主要介绍Photoshop CC选区的概念、选区的创建方法、编辑选区、填充选区、变换图像的相关技巧。通过本单元的学习，可以快速地创建规则与不规则的选区，对选区进行选择、移动、复制、羽化、填充等调整操作，并对选取的图像进行变换操作，为后面更为复杂的图像处理打下基础。

学习目标：
- 了解Photoshop CC选区的用途
- 掌握选区的创建方法
- 掌握选区的编辑方法
- 掌握选区的填充方法
- 掌握图像的变换方法

任务一 制作"篮球赛"海报底图

使用Photoshop CC绘制选区，首先要了解选区的作用，在需要选择的图像上创建选区后，选区边缘将呈现虚线闪烁，此时可以选取所需的图像，以便对图像进行选择、移动、复制、变换等编辑操作。

任务描述

启动Photoshop CC软件，打开本书提供的素材文件，创建规则选区，选择天空、篮球等图像，通过素材的拼合，制作图2-1所示的篮球赛海报底图，并分别保存为"篮球赛海报底图.psd"和"篮球赛海报底图.jpg"。

图2-1 篮球赛海报底图

🖐**任务实施**

步骤 1 选择"文件"→"新建"命令（或者按【Ctrl+N】组合键），打开"新建"对话框，如图2-2所示。设置参数："名称"为"篮球赛底图"，"预设"设为自定，文件"宽度"为30 cm，"高度"为20 cm，"分辨率"为150像素/英寸，"颜色模式"为RGB颜色，背景内容选择"白色"，新建一个空白文档。

步骤 2 选择"文件"→"打开"命令（或者按【Ctrl+O】组合键），浏览并选中本书配套的素材文件"天空.jpg"，如图2-3所示。

图2-2 "新建"对话框

图2-3 打开"天空.jpg"

步骤 3 选择工具箱中的"矩形选框工具"（或者按【M】键），在"天空.jpg"中拖动出矩形选框，选中左上角天空，如图2-4所示。

步骤 4 按【Ctrl+C】组合键复制天空图像，然后单击步骤1中新建的"篮球赛底图"标签，将其选择为当前窗口后，按【Ctrl+V】组合键将刚才复制的图像粘贴到当前窗口中，然后按【Ctrl+T】组合键进行自由变形，出现双向箭头后拖动鼠标改变图像大小，如图2-5所示。

图2-4 创建矩形选区

图2-5 自由变形

步骤5 当出现双向箭头图标后，进行拖动变形，使其放大到整个画布，如图2-6所示。

步骤6 选择"文件"→"打开"命令（或者按【Ctrl+O】组合键），打开"打开"对话框，浏览并打开本书配套的素材文件"篮球.jpg"，如图2-7所示。

图2-6 放大　　　　　　　　　　　图2-7 打开"篮球.jpg"

步骤7 选择工具箱中的"椭圆选框工具"（或者按【M】键），按【Shift+Alt】组合键在篮球正中拖动出圆形选框，选中篮球，如图2-8所示。

步骤8 按【Ctrl+C】组合键复制选区中的篮球图片，然后单击步骤1中新建的"篮球赛底图"标签，将其选择为当前窗口，按【Ctrl+V】组合键将刚才复制的图像粘贴到当前窗口中，如图2-9所示。

图2-8 创建圆形选区　　　　　　　　图2-9 粘贴篮球

步骤9 选择"文件"→"存储"命令（或者按【Ctrl+S】组合键），打开"另存为"对话框，单击"保存"按钮，将图像保存为"篮球赛海报底图.psd"文件，如图2-10所示。

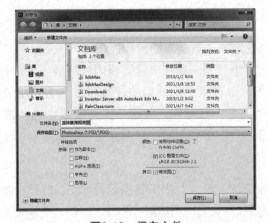

图2-10 保存文件

小技巧

在绘制选区时，按【Ctrl+T】组合键对选区内的图像进行缩放，使图像大小适合画面。

任务拓展

打开本书提供的素材文件，制作图2-11所示的计算机桌面，并分别保存为"计算机桌面.psd"和"计算机桌面.jpg"。

图2-11　计算机桌面

相关知识

一、认识选区

在Photoshop CC中，创建选区是最基本的操作，在对图像进行操作时一般先创建选区，确定要操作的对象和操作范围，再进行相关操作。选区以闪烁的虚线进行显示，如图2-12所示，该选区既可以是规则的几何图形，也可以是不规则的任意图形。通过绘制封闭的选区，可以分离图像中的一个或多个部分，当选区一旦建立，大部分操作就只在选区范围内有效，这时如果进行全图操作，需要先取消选区。

1.选区的作用

创建选区后通过填充等操作，形成对应形状图形，如图2-13所示。

选取所需的图像，以便后续对选取的图像进行移动、复制、变换等编辑操作，如图2-14所示。

图2-12　图像选区

图2-13　填充选区

图2-14　图像选取

2. 创建选区的常用方法

使用选区工具组建立选区。

使用形状工具建立选区。

使用钢笔工具绘制路径建立选区。

按住【Ctrl】键单击图层的缩略图，该图层即可生成选区。

二、规则选区工具

使用选框工具组（按【M】键）创建规则的选区，可以选择规则的图形，包括矩形选框工具、椭圆选框工具、单行选框工具、单列选框工具，如图2-15所示。

図2-15　选框工具组

1. 规则选区工具

矩形选框工具：可以创建矩形选区，按住【Shift】键可以创建正方形选区，按住【Alt】键可以从中心创建矩形选区，按【Shift+Alt】组合键可以从中心创建正方形选区。

椭圆选框工具：可以创建椭圆选区，按住【Shift】键可以创建圆形选区，按住【Alt】键可以从中心创建椭圆选区，按【Shift+Alt】组合键可以从中心创建圆形选区。

单行/单列选框工具：可以创建高度或宽度为1像素的直线选区，常用来制作网格效果。

2. 属性栏设置

在选择选框工具后，在属性栏中可以对选区的运算方式进行设置，也可以对选区进行羽化、消除锯齿等操作，并对选区的样式进行设置，如图2-16所示。

图2-16　属性栏

在使用选框工具、套索工具或魔棒工具时，属性栏中会出现设置选区的相关工具。

- 选区运算方式，如图2-17所示。

▣新选区：建立新选区代替原选区。

▣添加到选区：添加新选区与原选区合并成新的选区，按住【Shift】键进行加选。

▣从选区减去：减去新选区与原选区有相交的部分，按住【Alt】键进行减选。

▣与选区交叉：保留新选区与原选区相交部分。

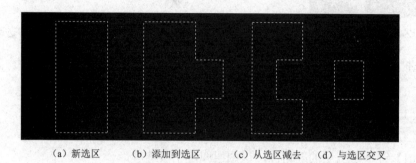

（a）新选区　　　（b）添加到选区　　　（c）从选区减去　　　（d）与选区交叉

图2-17　选区运算方式

- 羽化：对选区边缘进行模糊和虚化，羽化值越大，边缘越模糊，如图2-18所示。

图2-18　羽化

- 消除锯齿：使选区的边缘更为平滑。
- 样式设置，如图2-19所示。

正常：拖动鼠指针标绘制任意大小选区。

固定比例：设置选区的宽度和高度比例值。

固定大小：设置选区的宽度和高度数值。

⇄宽度和高度互换按钮：可以切换宽度和高度值。

样式：	正常	⬦	宽度：		⇄	高度：	
样式：	固定比例	⬦	宽度：	1	⇄	高度：	1
样式：	固定大小	⬦	宽度：	64像素	⇄	高度：	64像素

图2-19　样式

- 调整边缘：对选区进行羽化平滑处理。

任务二 制作"篮球赛"海报

任务描述

启动Photoshop CC软件,打开本书提供的素材文件,打开"篮球赛海报底图.psd""篮球架.jpg""手臂.jpg"等文件,通过创建不规则选区,选择篮球架、手臂等图像,通过素材的拼合,制作图2-20所示的篮球赛海报,并分别保存为"篮球赛海报.psd"和"篮球赛海报.jpg"。

图2-20 篮球赛海报

任务实施

步骤1 启动Photoshop CC软件,选择"文件"→"打开"命令(或者按【Ctrl+O】组合键),打开"打开"对话框,如图2-21所示,打开前面已保存的"篮球赛海报底图.psd"文件。

图2-21 打开文件

步骤2 选择"文件"→"打开"命令(或者按【Ctrl+O】组合键),打开素材文件"篮球架.jpg",使用多边形套索工具(或者按【L】键),选中篮球架图像,如图2-22所示。

步骤3 选择工具箱中的"椭圆选框工具",按住【Shift】键加选球篮图像,按【Ctrl+C】组合键复制选区中的图像,按【Ctrl+V】组合键粘贴到当前窗口,如图2-23所示。

图2-22 篮球架选区

图2-23 球篮选区

步骤4 选择工具箱中的"魔棒工具"（或者按【W】键），设置容差为32，如图2-24所示，将篮球架内部图像选中，如图2-25所示，按【Delete】键删除多余部分，如图2-26所示。

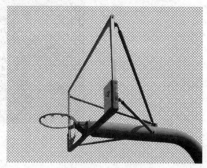

图2-24 容差　　　　　　图2-25 内部选区　　　　　　图2-26 删除内部

步骤5 移动篮球架图像到"篮球赛海报底图.psd"文档，按【Ctrl+T】组合键打开自由变换命令，当出现双向箭头图标后，按住【Shift】键拖动进行等比例缩放，如图2-27所示。

步骤6 选择"文件"→"打开"命令（或者按【Ctrl+O】组合键），打开素材文件"手臂.jpg"，选择工具箱中的磁性套索工具，拖动鼠标指针吸附手臂轮廓，将手臂选中，如图2-28所示。

图2-27 自由变换

图2-28 磁性套索

步骤7 按【Ctrl+C】组合键复制选区中的图像，然后单击"篮球赛海报底图.psd"标签，将其选择为当前窗口后，按【Ctrl+V】组合键将刚才复制的图像粘贴到当前窗口，移动到篮球架左侧，如图2-29所示。

图2-29　移动

步骤8 选择"文件"→"打开"命令（或者按【Ctrl+O】组合键），打开素材文件"口号文字.psd""校徽.psd"，如图2-30所示，选择口号文字和校徽，移动到"篮球赛海报底图.psd"文档，完成效果如图2-31所示。

图2-30　打开文字、校徽文件

图2-31　完成

步骤9 选择"文件"→"存储"命令（或者按【Ctrl+S】组合键），单击"保存"按钮将图像保存为"篮球赛海报.psd"文件。

 小技巧

在绘制选区时，可以在多种选区创建方式中切换，以适应不同的图形图像。

任务拓展

打开本书提供的素材文件，制作图2-32所示的乒乓球赛海报，并分别保存为"乒乓球赛海报.psd"和"乒乓球赛海报.jpg"。

图2-32　乒乓球赛海报

相关知识

一、不规则选区

Photoshop CC除了可以创建规则选区外，还可以创建不规则选区，来满足各种形状图像的选取。不规则选取工具包括套索工具组（按【L】键），如图2-33所示。

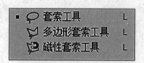

图2-33　套索工具组

套索工具：可以创建任意形状的选区，通过拖动鼠标指针，指针移动的轨迹就是选区的边界，如图2-34所示。

图2-34　套索工具

多边形套索工具：可以创建不规则的多边形选区，选择具有多边形形状的图像，如图2-35所示。

图2-35　多边形套索工具

磁性套索工具：当图像与背景的颜色反差较大时，使用该工具可以自动吸附到图像的轮廓线而创建出选区，如图2-36所示，通过属性栏的设置可以调节选取的精确度，如图2-37所示。

图2-36　磁性套索工具

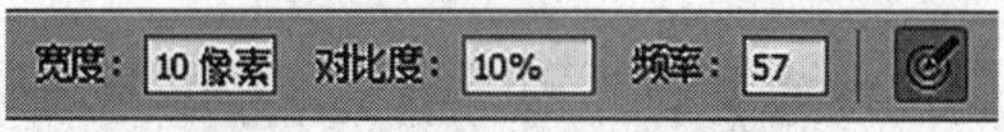

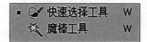

图2-37　磁性套索工具属性栏

- 宽度：用于设定磁性套索工具的搜索范围。
- 对比度：用于设定选取边缘的灵敏度。
- 频率：用于设定选取点的速率。
- 绘图板压力：用于设定绘图板的笔刷压力。

二、按颜色范围创建选区

可以通过对不同颜色范围的选择来创建选区，包括快速选择工具、魔棒工具（按【W】键），如图2-38所示。

图2-38　颜色范围选取工具

1. 颜色范围选取工具

魔棒工具：可以选取颜色相同或相似的图像区域，如图2-39所示，通过属性栏控制选取的精确度，如图2-40所示。

图2-39 魔棒工具

图2-40 魔棒工具属性栏

- 取样大小：设置取样点像素的大小。
- 容差：设置选取的颜色范围，值越大，选取的颜色范围越大。
- 消除锯齿：使选区的边缘更为平滑。
- 连续：只选择单击处相似颜色的图像。
- 对所有图层取样：此选项将选中所有可见图层中的与取样点颜色相近的区域，相反，将只从当前选定图层中选择颜色区域。

快速选择工具：可以快速建立简单的选区，调节画笔大小来控制选择区域的大小，辅以"调整边缘"来优化选区，如图2-41所示，通过属性栏控制精确度，如图2-42所示。

图2-41 快速选择工具

图2-42 快速选择工具属性栏

- 新选区：未选择任何选区的情况下的默认选项。创建选区后，此选项将自动更改为"添加到选区"。
- 添加到选区：新选区将被包含到原选区中。
- 从选区减去：从原选区中减去新选区。
- 画笔：通过下拉按钮设置画笔选项。

- 对所有图层取样：选择该选项是针对所有图层，相反则是针对当前选定图层取样。
- 自动增强：该选项会自动调整选区边缘，减少选区边界的粗糙度和锯齿。

2. 色彩范围

选择"选择"→"色彩范围"命令，如图2-43所示，按指定的颜色确定选择区域，如图2-44所示。在弹出的"色彩范围"对话框中，设置使用"取样颜色"方式时，可以用吸管工具在图像预览区和图像上选取取样颜色，根据容差值确定选区。也可以根据某种颜色或亮度确定选区，使用加色和减色工具可以增加或减少颜色范围，如图2-45所示。

图2-43　"选择"菜单　　　　图2-44　"色彩范围"对话框

图2-45　色彩范围

任务三　制作"篮球赛"宣传册

任务描述

启动Photoshop CC软件，打开"火焰.jpg""篮球.jpg""校园.jpg"等素材文件，通过色彩范围选取，制作火焰效果；并对选区进行修改，制作装饰图案，通过素材的拼合，制作图2-46所示的篮球赛宣传册，并分别保存为"篮球赛宣传册.psd"和"篮球赛宣传册.jpg"。

图2-46 篮球赛宣传册

任务实施

步骤1 启动Photoshop CC软件，选择"文件"→"打开"命令（或者按【Ctrl+O】组合键），打开素材文件"宣传册版面.psd"文件，如图2-47所示。

图2-47 打开"宣传册版面.psd"

步骤2 建立图层，命名为"弧形"，如图2-48所示，使用"椭圆选框工具"在该层按住【Shift】键绘制圆形选区，并使用"矩形选框工具"按住【Alt】键减去一半选区，创建半圆选区，如图2-49所示。

步骤3 设置前景色为浅蓝色，按住【Alt+Delete】组合键填充浅蓝色前景色，如图2-50所示。

图2-48 建立图层　　　　　　图2-49 创建半圆选区　　　　　　图2-50 填充

步骤4 选择"选择"→"修改"→"收缩"命令，打开"收缩选区"对话框，如图2-51所示，设置收缩量为20，如图2-52所示，按【Delete】键将收缩选区内图像删除，制作出弧线，如图2-53所示。

图2-51 "修改"命令

图2-52 收缩量

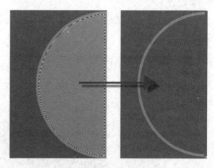

图2-53 制作弧线

步骤5 选择工具箱中的"移动工具"按住【Alt】键拖动，复制弧线，并按【Ctrl+T】组合键进行自由变换旋转，如图2-54所示，创建矩形选区填充蓝色，制作出装饰直线，如图2-55所示。

图2-54 复制并旋转

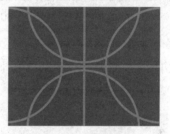

图2-55 制作直线

步骤6 新建图层，选择工具箱中的"矩形选框工具"，按【Shift+Alt】组合键在装饰弧线中间拖动，从中心绘制正方形选区，如图2-56所示，选择"选择"→"修改"→"平滑"命令，打开"平滑选区"对话框，设置取样半径为60像素，如图2-57所示，制作圆角矩形选区，如图2-58所示。

图2-56 正方形选区

图2-57 平滑设置

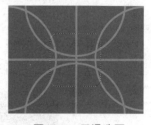

图2-58 平滑选区

步骤7 设置前景色为浅灰色，按【Alt+Delete】组合键填充前景色，选择"选择"→"修改"→"扩展"命令，打开"扩展选区"对话框，设置扩展像素为15像素，效果如图2-59所示。

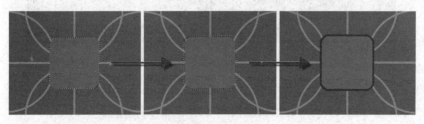

图2-59 扩展选区

步骤8 新建图层，设置前景色为深灰色，按【Alt+Delete】组合键填充前景色，如图2-59所示。

步骤9 创建内部圆角矩形选区，选择"选择"→"存储选区"命令，打开"存储选区"对话框，设置名称为"校园选区"，设置操作为"新建通道"，如图2-60所示，将选区保存。

图2-60　存储选区

步骤10 选择"文件"→"打开"命令（或者按【Ctrl+O】组合键），打开素材文件"校园.jpg"，如图2-61所示，移动图像到"宣传册版面.psd"文件中，按【Ctrl+T】组合键自由变换缩放到合适大小，如图2-62所示。

图2-61　打开文件　　　　　　　　图2-62　缩放

步骤11 选择"选择"→"载入选区"命令，打开"载入选区"对话框，选择源通道"校园选区"，将选区载入，如图2-63所示。

图2-63　载入选区

步骤12 选择"选择"→"反向"命令（或者按【Ctrl+Shift+I】组合键），选择"圆角矩形"选区以外的区域，按【Delete】键删除校园多余的部分，如图2-64所示。

步骤13 选择"文件"→"打开"命令（或者按【Ctrl+O】组合键），打开素材文件"火焰.jpg",如图2-65所示。

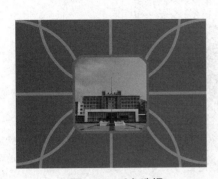

图2-64 反向选择

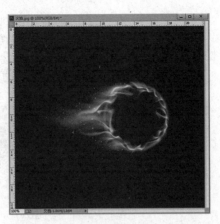

图2-65 打开文件

步骤14 选择"选择"→"色彩范围"命令,打开"色彩范围"对话框,如图2-66所示,设置容差为179,取样颜色点取黑色部分,选取火焰,如图2-67所示。

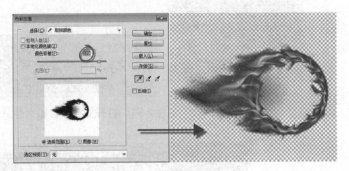

图2-66 "色彩范围"命令   图2-67 选取火焰

步骤15 打开素材文件"篮球.jpg",使用"椭圆选框工具"创建篮球选区,如图2-68所示,选择"选择"→"修改"→"羽化"命令,打开"羽化选区"对话框,设置羽化半径为5像素,如图2-69所示,为篮球制作羽化效果,如图2-68所示。

图2-68 羽化选区

图2-69 设置羽化

步骤16 将篮球移动到"火焰.psd"文档中,选择"编辑"→"变换"→"旋转"命令,旋转火焰图像,选择"缩放"命令调整篮球大小,组合成燃烧的篮球图像,如图2-70所示。

图2-70　变换组合

步骤17 打开素材文件"口号文字.psd""校徽.psd"等文件，如图2-71所示，移动到"宣传册版面.psd"文档中，完成制作，如图2-72所示。

图2-71　打开文字、校徽文件

图2-72　完成

步骤18 选择"文件"→"存储"命令（或者按【Ctrl+S】组合键），单击"保存"按钮将图像保存为"篮球赛宣传册.psd"文件。

💡 小技巧

在选择复杂图像时，可以先创建颜色相近区域的选区，再通过反向选择（按【Shift+Ctrl+I】组合键）选择复杂图像。

任务拓展

打开本书提供的素材文件，制作图2-73所示的乒乓球赛海报，并分别保存为"乒乓球赛宣传册.psd"和"乒乓球赛宣传册.jpg"。

图2-73　乒乓球赛宣传册

相关知识

一、编辑选区

Photoshop CC提供了多种选区编辑工具，可以对选区进行全面调整，灵活运用选区编辑操作，可以提高图像编辑的效率。

1. 通过菜单编辑选区

选择"选择"菜单，对选区进行编辑，如图2-74所示。

• 全部：（或者按【Ctrl+A】组合键）创建包含整幅图像的选区。

• 取消选择：（或者按【Ctrl+D】组合键）取消创建的选择区域。

• 重新选择：（或者按【Shift+Ctrl+D】组合键）恢复被取消的选区。

• 反向：（或者按【Shift+Ctrl+I】组合键）将选择范围变为与原选择相反的区域。

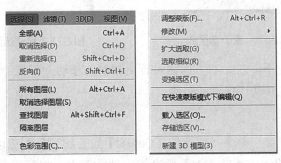

图2-74　"选择"菜单

2. 扩大选取

可以将现有选区扩大，把相邻颜色相近的区域添加到选择区域内，颜色相近程度由魔棒工具的容差值决定。

3.选取相似

选取相似和扩大选取相似，但它所选取的范围不仅是相邻的区域，还可以将整个图像中所有颜色相近的区域一并选中，如图2-75所示。

图2-75　选取相似

二、移动选区、复制选区图像

创建选区后，可以对选区进行移动，也可以对选区内的图像进行移动、复制等操作。

1.移动选区

当需要对选区进行移动时，可以将鼠标放于选区内，出现白色移动图标，如图2-76所示，当按住鼠标左键进行移动时，鼠标光标变为黑色移动图标，按住【Shift】键可以限制选区水平、垂直、斜45°的方向进行移动，也可以使用"移动工具"对选区内的图像进行移动，如图2-77所示。

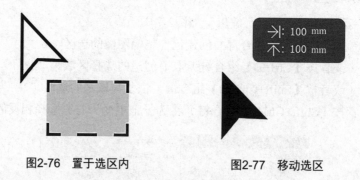

图2-76　置于选区内　　　　图2-77　移动选区

也可以使用键盘上、下、左、右方向键进行更精确的移动，每按一次将移动1像素的距离，按住【Shift】键可以每次移动10像素的距离。

2.复制选区图像

选择"编辑"→"拷贝"命令（或者按【Ctrl+C】组合键）复制选区内的图像，再选择"编辑"→"粘贴"命令（或者按【Ctrl+V】组合键）粘贴副本，也可以使用"移动工具"，按住【Alt】键拖动即可复制当前图像。

三、修改选区

选择"选择"→"修改"命令，对选区进行修改，如图2-78所示。

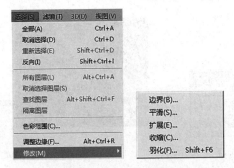

图2-78　"修改"菜单项

1. 边界

将原选区边界向内外部扩展成新选区。设置宽度值后，取值范围为1~200像素，如图2-79所示，将会在原选区上产生指定宽度的选区，如图2-80所示。

图2-79　"边界选区"对话框

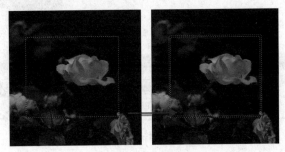

图2-80　边界选区

2. 平滑

将原选区中的尖角和锯齿进行平滑处理。在"取样半径"文本框中输入取值范围为1~100像素的半径值，如图2-81所示，将会把选区中的尖角处变得圆滑，如图2-82所示。

图2-81　"平滑选区"对话框

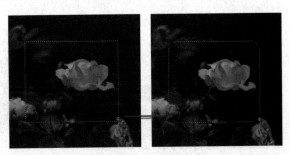

图2-82　平滑选区

3. 扩展

将原选区沿边界向外扩大指定的宽度。在"扩展量"文本框中输入取值范围为1~100像素的数值，如图2-83所示，就会将原选区向外扩充指定的像素宽度，如图2-84所示。

图2-83　"扩展选区"对话框

图2-84　扩展选区

4. 收缩

将原选区沿边界向内缩小指定的宽度。在"收缩量"文本框中输入取值范围为1~100像素的数值，如图2-85所示，会将原选区向内缩小指定的像素宽度，如图2-86所示。

图2-85　"收缩选区"对话框

图2-86　收缩选区

5. 羽化选区（按【Shift+F6】组合键）

将选区边缘进行模糊和虚化，在创建选区前，可以在选框工具、套索工具、魔棒工具属性栏的"羽化半径"文本框中设置羽化值，如图2-87所示，取值范围为0~250像素，数值越大，羽化的效果越明显，如图2-88所示。

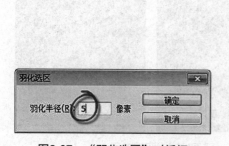

图2-87　"羽化选区"对话框

图2-88　羽化选区

四、变换选区

可以对选区进行缩放、旋转和变形等操作。选择"选择"→"变换选区"命令，选区的四周将出现8个控制点，利用鼠标可以对选区进行变换操作，如图2-89所示。

将光标放于变换框内，出现黑色移动图标时可以移动选区，将鼠标放于变换框框线上和控制点上变为双向箭头时，如图2-90所示，可以改变选区的大小，将鼠标指针放于变换框外四角处变为双向旋转箭头时，如图2-91所示，可以旋转选区，在将鼠标指针放于控制点上，按住【Ctrl】键出现白色移动图标时，可以自由变形，如图2-92所示，在进行变换时可以按【Enter】键确认变换结果，如图2-93所示，按【Esc】键则取消变换操作。

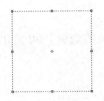 

图2-89　变换框　　　　图2-90　双向箭头　　　图2-91　双向旋转箭头　　图2-92　白色移动图标

变换选区的操作效果如图2-93所示。

图2-93　变换选区

五、隐藏和删除选区

1.隐藏选区

选择"视图"→"显示额外内容"命令（或者按【Ctrl+H】组合键），如图2-94所示，可以隐藏或开启选区显示的边缘虚线，选择"视图"→"显示"命令隐藏当前选区的边缘，隐藏选区后不影响对选区的操作，如图2-95所示。

图2-94　显示额外内容　　　　　　图2-95　显示选区边缘

2.删除选区

删除选区可以撤销选区的选择，选择"选择"→"取消选择"命令（或者按【Ctrl+D】组合键），可取消选择当前的选区，使用选框工具或套索工具时，当选区运算方式为"新选区"时，在图像上单击选区外的任何位置可删除当前选区。按【Delete】键可删除选区内的图像。

六、存储和载入选区

存储和载入选区的操作适合一些需要多次使用的选区或创建过程复杂的选区，可简化重复制作相同选区的操作，如图2-96所示。

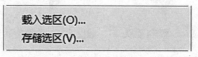

图2-96　"存储选区"命令

1.存储选区

将当前选区存储，选择"选择"→"存储选区"命令，将文档中的选区进行存储，可以执行新建通道（选区）、添加到通道（选区）、从通道（选区）中减去和与通道（选区）交叉操作，命名存储的选区，完成选区的存储，如图2-97所示。

2.载入选区

将保存的选区加载到当前文件中，选择"选择"→"载入选区"命令，在通道下拉列表中选择需要载入的选区，加载需要使用的选区，如图2-98所示。

图2-97　"存储选区"对话框　　　　图2-98　"载入选区"对话框

任务四　制作"篮球赛"徽标

任务描述

启动Photoshop CC软件，打开"人物.jpg""书法文字.jpg"等素材文件，创建"人物""书法文字"选区，并对选区进行填充和描边，通过素材的拼合，制作图2-99所示的"篮球赛徽标"图标，并分别保存为"篮球赛徽标.psd"和"篮球赛徽标.jpg"。

图2-99 篮球赛徽标

任务实施

步骤1 选择"文件"→"新建"命令（或者按【Ctrl+N】组合键），打开"新建"对话框，如图2-100所示。设置参数："名称"为"球赛徽标"，"预设"为自定，文件"宽度"为20 cm，"高度"为15 cm，"分辨率"为150像素/英寸，"颜色模式"为RGB颜色，背景内容选择"白色"，新建一个空白图像文件。

步骤2 选择"文件"→"打开"命令（或者按【Ctrl+O】组合键），打开素材文件"人物.jpg"，如图2-101所示，选择工具箱中的"魔棒工具"，设置容差为32，将人物图形选中，如图2-102所示。

图2-100 "新建"对话框

图2-101 打开"人物.jpg"

图2-102 创建选区

步骤3 将"球赛徽标"和"人物.jpg"文档同时打开，使用选区工具拖动人物选区，当白色移动图标变为黑色移动图标时将人物选区移动到"球赛徽标"文档中，如图2-103所示，建立图层，命名为"人物"，如图2-104所示。

图2-103 移动选区

图2-104 建立图层

步骤 4 选择工具箱中的"矩形选框工具"（或者按【M】键），按住【Shift】键拖动鼠标，在人物选区上创建矩形选区，加入人物选区合并成一个新选区，如图2-105所示。

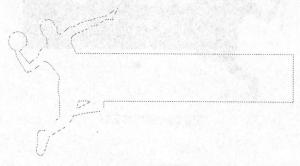

图2-105　加入选区

步骤 5 选择"编辑"→"填充"命令（或者按【Shift+F5】组合键），打开"填充"对话框，在"内容"区域的"使用"下拉列表中选择"颜色"，如图2-106所示。弹出"拾色器（填充颜色）"对话框，设置颜色为蓝色（C:87，M:54，Y:9，K:0），如图2-107所示，单击"确定"按钮，完成填充，如图2-108所示。

图2-106　"填充"对话框

图2-107　"拾色器（填充颜色）"对话框

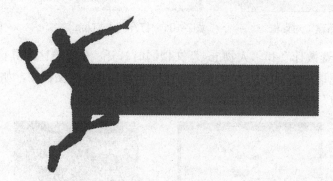

图2-108　完成填充

步骤 6 选择工具箱中的"矩形选框工具"（或者按【M】键），按住【Alt】键的同时选择下方选区，减去下方选区，选择"编辑"→"填充"命令（或者按【Shift+F5】组合键），打开"填充"对话框，在"内容"区域的"使用"下拉列表中选择"颜色"，弹出"拾色器（填充颜色）"对话框，设置颜色为红色（C:0，M:96，Y:95，K:0），如图2-109所示，完成填充，如图2-110所示。

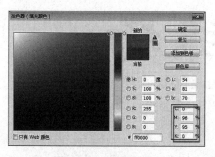

图2-109 设置红色

图2-110 完成填充

步骤7 建立图层，命名为"篮球框"，使用多边形套索、椭圆选框工具绘制篮球框选区，如图2-111所示。

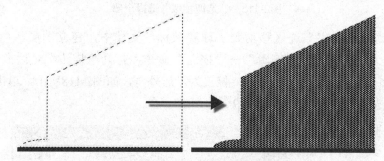

图2-111 建立选区并填充图案

步骤8 选择"编辑"→"填充"命令（或者按【Shift+F5】组合键），打开"填充"对话框，如图2-112所示，在"内容"区域的"使用"下拉列表中选择"图案"，单击"自定图案"，在右上方图案选择按钮上单击，在弹出的菜单中选择"图案"，如图2-113所示，追加新的图案，选择箭尾2图案，如图2-114所示，填充到篮球框选区中，如图2-111所示。

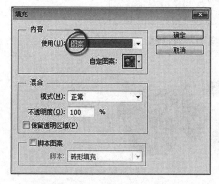

图2-112 "填充"对话框

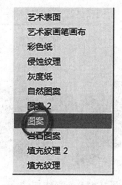

图2-113 "图案"命令

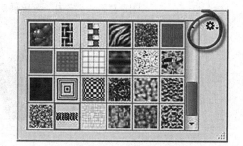

图2-114 箭尾2图案

步骤9 选择"文件"→"打开"命令（或者按【Ctrl+O】组合键），打开素材文件"书法文字.jpg"，如图2-115所示，使用魔棒工具，设置容差为32，将"决"选中，选择"选择"→"选取相似"命令，将所有文字选中，如图2-116所示。

图2-115 打开"书法文字.jpg"

图2-116 "选取相似"选择全部

步骤10 将"书法文字"选区移动到"球赛徽标"文档中，建立图层，命名为"书法文字"，填充选区为红色，选择"编辑"→"描边"命令，打开"描边"对话框，如图2-117所示，设置宽度为5像素，颜色为"灰色"，位置为"居外"，如图2-118所示，单击"确定"按钮为"书法文字"选区制作描边，如图2-119所示。

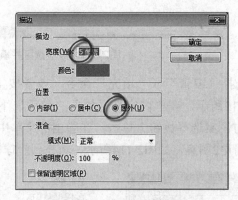

图2-117 "描边"菜单项　　　图2-118 "描边"对话框

图2-119 完成描边

步骤11 选择"文件"→"打开"命令（或者按【Ctrl+O】组合键），打开素材文字"中英文字.psd"，如图2-120所示，将文字移动到"球赛徽标"文档中，组合排列出最终效果，如图2-121所示。

图2-120 打开"中英文字.psd"

图2-121 完成

步骤12 选择"文件"→"存储"命令（或者按【Ctrl+S】组合键），打开"另存为"对话框，单击"保存"按钮将图像保存为"篮球赛徽标.psd"文件。

小技巧

在进行选区填充时，可以使用组合键快速填充颜色，按【Ctrl+Delete】组合键填充背景色，按【Alt+Delete】组合键填充前景色。

任务拓展

打开本书提供的素材文件，制作图2-122所示的乒乓球赛徽标，并分别保存为"乒乓球赛徽标.psd"和"乒乓球赛徽标.jpg"。

图2-122 乒乓球赛徽标

相关知识

一、填充选区

在Photoshop CC中创建选区后，可以对选区进行填充，填充的选区就变为选区对应的图形，填充时可以填充颜色或图案，也可以对选区边缘进行描边，使画面更美观。

选择"编辑"→"填充"命令（或者按【Shift+F5】组合键），如图2-123所示，在弹出的"填充"对话框中设置填充方式，如图2-124所示。

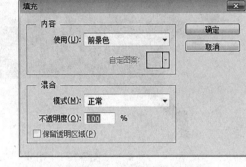

图2-123　"填充"菜单项　　　　图2-124　"填充"对话框

• 填充内容：可以将前景色、背景色填充到选区内，如图2-125所示，也可以选择颜色，在"拾色器（填充颜色）"对话框中选取颜色，如图2-126所示。

图2-125　填充内容　　　　　　图2-126　填充选区

• 颜色：设置选区填充的颜色，如图2-127所示。

图2-127　"拾色器（填充颜色）"对话框

- 内容识别：自动识别并将选区填充为周边图像，如图2-128所示。

图2-128 内容识别

- 图案：选择图案并填入选区，单击右上角"选择图案"按钮，在弹出的菜单中可以选择系统提供的其他图案，追加更多的图案，如图2-129所示，对选区进行图案填充，如图2-130所示。

图2-129 选择"图案"

图2-130 填充图案

二、描边选区

描边选区是用所选颜色在选区边缘填充指定宽度的线条。选择"编辑"→"描边"命令，弹出"描边"对话框，如图2-131所示，设置描边宽度（取值范围为1~250像素）、描边颜色、描边位置、混合模式和不透明度，单击"确定"按钮完成选区的描边，如图2-132所示。

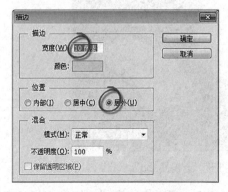

图2-131 "描边"对话框

图2-132 选区描边

任务五 制作透视图

任务描述

启动Photoshop CC软件，打开素材"篮球赛海报.jpg""宣传册.jpg"" 宣传册正面.jpg""透视图.jpg"，选择对应的图像，在"透视图.jpg"文档中，依据透视对图像进行变换，使图像呈现真实的透视效果，并分别保存为"透视图.psd"和"透视图.jpg"，如图2-133所示。

图2-133 透视图

任务实施

步骤1 选择"文件"→"打开"命令（或者按【Ctrl+O】组合键），打开素材文件"透视图.jpg"文件，如图2-134所示。

图2-134 打开"透视图.jpg"

步骤2 选择"文件"→"打开"命令（或者按【Ctrl+O】组合键），打开素材文件"篮球赛海报.jpg"，移动该文件到"透视图"文档中，如图2-135和图2-136所示。

图2-135　打开

图2-136　移动

步骤3 选择"编辑"→"变换"→"斜切"命令或选择"编辑"→"自由变换"命令（或者按【Ctrl+T】组合键），打开斜切命令，出现双向箭头后，拖动鼠标进行倾斜，将光标放到控制点上，出现白色移动图标后，拖动控制点改变图像形状，如图2-137所示。

步骤4 打开素材文件"宣传册.jpg"，移动该文件到"透视图"文档中，选择"编辑"→"变换"→"缩放"命令或选择"编辑"→"自由变换"命令（或者按【Ctrl+T】组合键），出现双向箭头后，按住【Shift】键等比例缩放，如图2-138所示。

图2-137　调整透视

图2-138　缩放大小

步骤5 选择"编辑"→"自由变换"命令（或者按【Ctrl+T】组合键），打开自由变换命令，将光标放到控制点上，按住【Ctrl】键出现白色移动图标后，拖动控制点改变图像形状，如图2-139所示。

图2-139　调整透视

步骤6 选择"宣传册.jpg"图层，单击眼睛图标隐藏图像，如图2-140所示，使用多边形套索绘制相交部分选区，并删除相交部分，如图2-141所示。

图2-140　隐藏图像　　　　　　　　图2-141　删除相交

步骤7 打开素材文件"宣传册正面.jpg"，移动该文件到"透视图.jpg"文档中，选择"编辑"→"变换"→"旋转"命令或选择"编辑"→"自由变换"命令（或者按【Ctrl+T】组合键），出现双向旋转箭头后，按住【Shift】键以固定角度旋转，如图2-142所示。

步骤8 选择"编辑"→"自由变换"命令（或者按【Ctrl+T】组合键），将光标放到控制点上，按住【Ctrl】键出现白色移动图标，拖动控制点改变图像形状，如图2-143所示。

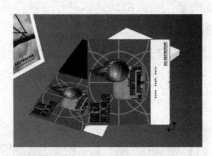 

图2-142　旋转角度　　　　　　　　图2-143　完成效果

步骤9 选择"文件"→"存储"命令（或者按【Ctrl+S】组合键），打开"另存为"对话框，单击"保存"按钮将图像保存为"透视图.psd"文件。

小技巧

在变换图像时，可以按空格键对图形进行平移，按【Ctrl+空格】组合键放大图像显示，按【Alt+空格】组合键缩小图像显示，以方便观察对控制点的操作。

任务拓展

打开本书提供的素材文件，制作图2-144所示的手机界面，并分别保存为"手机界面.psd"和"手机界面.jpg"。

图2-144　手机界面

相关知识

一、图像变换

Photoshop CC创建选区后，可以对选择的图像进行一系列变形操作，对图像进行缩放、旋转等操作，调整图像的大小、角度等，对图像进行倾斜、扭曲、变形等操作，改变图像的形状，还可以调整图像的方向。

选择菜单栏"编辑"→"变换"菜单项，包含六种对图像进行变形的命令，如图2-145所示。

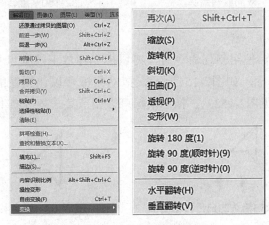

图2-145　"变换"菜单项

1. 缩放

可以对图像进行缩放，使用缩放命令时，选区上出现带8个控制点的变换框，如图2-146所示，将鼠标放于控制点和边框线上，光标将变为双向箭头，如图2-147所示，此时沿一定方向拖动鼠标光标可以对图像进行放大或缩小，按住【Shift】键可以实现等比例缩放，如图2-148所示。

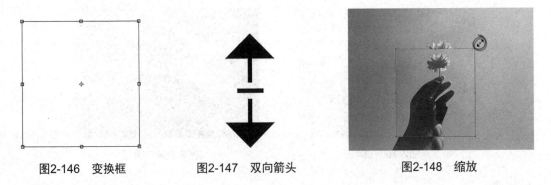

图2-146　变换框　　　　图2-147　双向箭头　　　　图2-148　缩放

2. 旋转

可以对图像进行旋转，使用旋转命令时，将鼠标光标放于控制点和边框线外，光标将变为双向旋转箭头，如图2-149所示，拖动鼠标可以实现图像的旋转，按住【Shift】键以每次旋转15°进行旋转，如图2-150所示。

图2-149　双向旋转箭头

图2-150　旋转

3. 斜切

可以对图像进行倾斜，使用斜切命令时，将鼠标光标放于控制点和边框线外，光标将变为带双向箭头的白色移动图标，如图2-151所示，拖动鼠标可以让图像的边产生倾斜，选中控制点，出现白色移动图标（见图2-152），拖动鼠标可以调节某一条边产生倾斜，如图2-153所示。

图2-151　带双向箭头的白色移动图标

图2-152　白色移动图标

4. 透视

可以对图像进行透视变化，使用透视命令时，将鼠标光标放于控制点和边框线外，光标将变为带双向箭头的白色移动图标（见图2-151），沿任意方向拖动鼠标可以对图像调整角度，创建透视效果，选中控制点，出现白色移动图标（见图2-152），拖动控制点可产生近大远小的透视变化，如图2-154所示。

图2-153　斜切

图2-154　透视

5. 扭曲

可以对图像进行扭曲变化，使用扭曲命令时，沿任意方向拖动鼠标可以对图像进行挤压、拉伸等扭曲操作。

6. 变形

可以对图像进行各种扭曲变形，使用变形命令时，选区周围出现网格状的变换框，这时可以从属性栏的"变形样式"下拉菜单中选取一种变形，如图2-155所示，也可以拖动网格内的控制点、线条或区域做任意形状的变形，如图2-156所示。

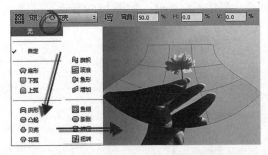

图2-155　"变形样式"下拉菜单

图2-156　拖动网格

二、自由变换

自由变换对图像可以一次性实现缩放、旋转、斜切、透视等多种变换效果，选择"编辑"→"自由变换"命令（或者按【Ctrl+T】组合键），当选区上出现带有8个控制点的变换框后，将鼠标放于控制点和边框线上，光标将变为双向箭头，可以对图像进行缩放，将鼠标光标放于控制点和边框线外，光标将变为双向旋转箭头，可以对图像进行旋转，如图2-157所示。

图2-157　自由变换

按【Ctrl】、【Shift】、【Alt】键可以对变形进行控制，其中，按住【Ctrl】键选中控制点，当变为白色箭头时可以拖动控制点进行自由变化，如图2-158所示；按住【Shift】键拖动鼠标可以进行图像移动方向、旋转角度固定调整和等比例放大缩小；按住【Alt】键可以进行以图像中心点为对称中心的变化。

图2-158　按住【Ctrl】键拖动控制点

三、快速旋转和翻转

选择"编辑"→"变换"命令，可以按照一定的角度快速旋转图像，包含旋转180度、旋转90度（顺时针）、旋转90度（逆时针），也可以将图像水平或垂直翻转，如图2-159所示。

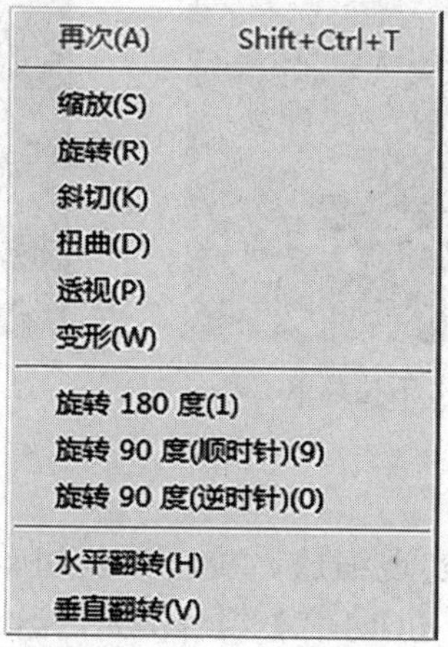

再次(A)	Shift+Ctrl+T
缩放(S)	
旋转(R)	
斜切(K)	
扭曲(D)	
透视(P)	
变形(W)	
旋转 180 度(1)	
旋转 90 度(顺时针)(9)	
旋转 90 度(逆时针)(0)	
水平翻转(H)	
垂直翻转(V)	

图2-159　快速旋转和翻转

小　结

通过本单元的学习，用户应该重点掌握以下内容：

• 了解Photoshop CC选区的作用和创建方法。

• 掌握选区的创建方法和相关技巧，针对不同的形状和不同的图像，利用规则选区、不规则选区、按颜色范围选取等选区创建方法，快速选取对应的图形图像。

• 掌握选区的编辑方法和相关技巧，可以通过"选择"菜单中的相关编辑命令对选区进行多方位的编辑操作。

• 掌握为选区填充颜色、图案、描边的操作方法和相关技巧。

• 掌握对选区中的图形图像进行缩放、旋转、倾斜、透视、扭曲等变换的操作方法和相关技巧。

练　习

一、填空题

1.规则选区工具包括_____、_____、_____、_____等选框工具。

2.套索工具包括_____、_____、_____等工具。

3.如果对象边缘清晰，与背景差异较大时，可以使用_____选区工具。

4.按住【Shift】键可以实现选区的_____运算，按住【Alt】键可以实现选区的_____运算。

5.按住【_____】键的同时单击图层缩略图，该图层就可以生成选区。

6. 如果想对选区范围进行编辑，可以使用_____扩大选区，_____缩小选区，对选区边缘进行羽化处理，可以实现选区边缘_____效果。

7. 如果想对选区内的图像进行复制，可以使用_____或_____两种方法。

8. 选区创建完成后，可以对选区进行_____和_____，使其变成对应的形状图形。

9. 如果想实现图像的一次性变换可以用_____，快捷键是_____。

10. "变换"子菜单包含六种变换命令，分别是_____、_____、_____、_____、_____、_____。

二、实操题

根据给定素材，制作图2-160所示的照片。

图2-160　合成兔子照片

单元 ③ 调整图像的色彩与色调

在图像中，色彩拥有举足轻重的作用，不同的色彩能带给人不一样的感受。Photoshop能够提供大量的色彩与色调的调整工具，用于处理图片的色彩与色调，使图片更加生动、有活力。

Photoshop提供了20多种工具，可以对色彩的组成要素：色相、饱和度、明度进行精确的调整，并且还能对色彩进行创造性的改变，是当之无愧的色彩处理大师。

学习目标：

- 了解掌握各种颜色模式的特征与使用场景
- 了解Photoshop CC的常见色调调整的工具
- 掌握色阶、曲线的基本操作
- 掌握色相饱和度、亮度和对比度的基本操作
- 掌握匹配颜色、替换颜色、可选颜色的基本操作
- 掌握通道混合器、渐变映射、照片滤镜、反相、色调均化等命令的处理技巧
- 了解Photoshop CC的常见色调调整的工具

任务一 认识图像的颜色模式

颜色模式决定了图像用来展示和打印的处理方法。RGB模式、CMYK模式、Lab模式是常用的颜色模式。索引模式和双色调模式是用于特殊颜色输出的模式，选择一种颜色模式，即选择了某种颜色模型。

🖥 任务描述

启动Photoshop CC软件，打开本书提供的瑞蚨祥.jpg素材文件，切换到各种模式查看，并了解各种模式的特点与使用场景。

📝 任务实施

步骤1 启动Photoshop CC软件后，选择"文件"→"打开"命令（或者按【Ctrl+O】组合键），打开素材图片瑞蚨祥.jpg。

步骤2　选择"图像"→"模式"→"CMYK"命令，如图3-1所示，选择打开CMYK模式。

步骤3　依次选择Lab模式、灰度模式、位图、双色调、索引模式并了解它们的特点与应用场景，如图3-2所示。

图3-1　颜色模式选择

（a）RGB颜色模式

（b）CMYK颜色模式

（c）灰度模式

（d）双色调模式

图3-2　各颜色模式展示

相关知识

颜色模式是数字世界中表示颜色的一种算法。在数字世界中，为了表示各种颜色，通常将颜色划分为若干分量。由于成色原理的不同，决定了显示器、投影仪、扫描仪这类靠色光直接合成颜色的颜色设备和打印机、印刷机这类靠使用颜料的印刷设备在生成颜色方式上的区别。颜色模式除了可以用于确定图像中显示的颜色、数量外，还可以影响通道数和图像的文件大小。Photoshop中支持多种图像模式，下面逐一进行介绍。

一、RGB颜色模式

RGB通过颜色发光原理设定，有红（R）、绿（G）、蓝（B）三种颜色，通过三个颜色通道的变化及它们之间的混合叠加来得到像素的各种颜色，是一种加色模式，如图3-3所示。在颜色通道中，用亮度表示基色的混合比例。若每个颜色通道都采用八位二进制来编码，则每种基色都有0～255的亮度变化范围可以组合成256^3种颜色，实现24位真彩色。当三种颜色的亮度值均为0时，则为黑色；三种颜色亮度值均为255时，则为白色。RGB模式应用广泛，存在于屏幕等显示设备中，多存在于电子显示屏、投影仪、数码照相机等媒介，十分依赖电子设备，不存在于印刷品中。是生活与设计中，最常用的色彩模式。RGB的色值范围为0～255，当RGB数值相等时没有色相，称为灰度，数值越低灰度越高。RGB颜色模式是Photoshop中最常使用的颜色模式，在这种模式下可以使用所有Photoshop的工具和命令，而其他模式则会受到限制。

二、CMYK颜色模式

CMYK是反光原理产生的，通过三原色混色叠加成四色，这四个颜色分别是Cyan（青色，C）、Magenta（洋红色，M）、Yellow（黄色，Y）、Black（黑色，K）。利用了减法混合，吸收外界色彩，通过光源反射的白光，过滤掉一部分色彩波长，形成人们眼中看到的CMYK色彩，用油墨颜色的百分比表示油墨使用的多少，当四种颜色的值均为0%时，呈白色，如图3-4所示。

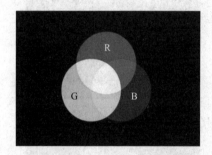
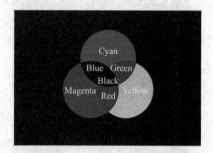

图3-3　RGB颜色模式　　　　图3-4　CMYK颜色模式

由于CMYK是印刷模式，媒介多是打印机、印刷机等印刷器械，常运用在画册、包装、海报等印刷品中。当我们的设计需要以纸质方式呈现时，需要先把Lab、RGB等高于CMYK的色彩模式转为CMYK模式，这样防止打印时的颜色流失，保证色彩的视觉效果。编辑RGB模式的图像时，如果想要预览它的打印效果，可选择"视图"→"校样颜色"命令打开电子校样。

三、Lab颜色模式

Lab分别代表Luminosity（亮度，L）、从洋红色到绿色的范围（a）、从黄色到蓝色的范围（b）。亮度分量的范围为0～100，颜色分量a和b的取值范围均为+127～−128。Lab模式是Photoshop进行颜色模式转换时使用的中间模式。例如，将RGB图像转换为CMYK模式时，Photoshop会先将其转换成Lab模式，再由Lab模式转换为CMYK模式。

Lab模式在调色中有着非常特别的优势，通过调整明度通道，可以在不影响色相和饱和度的情况下轻松修改图像的明暗信息；通过调整a通道和b通道则可以在不影响色调的情况下修改颜色。

人眼能够感知的色彩，都能通过Lab模式表现出来。Lab模式是颜色范围最广的一种颜色模式，它可以涵盖RGB和CMYK的颜色范围，能够在最终的设计作品中获得更优质的色彩。

如图3-5所示，当将原图中的RGB颜色模式改成Lab颜色模式后，可以通过色阶命令，分别在L通道、a通道、b通道中设置相关参数，以改变图像中的色调，使得红色区域和绿色区域以及图片明暗区域都有所变化。

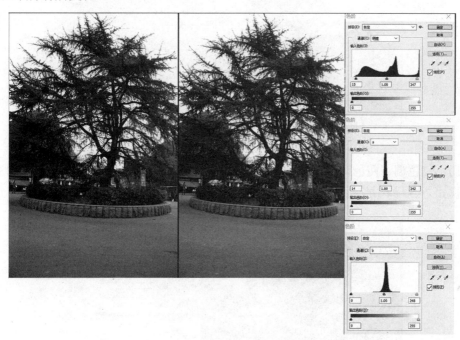

图3-5　Lab颜色模式调色示范

四、灰度模式

在灰度模式下，图像只有灰度而没有其他颜色。如果将一个图像转换为灰度模式后，那么所有的颜色将被不同的灰度所代替。灰度图像中的每一个像素都有一个0～255之间的亮度值，0代表黑色，255代表白色，其他值代表中间过渡的灰色，如图3-6所示。

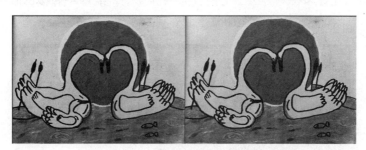

图3-6　灰度模式示意

五、双色调模式

双色调模式采用一组曲线来设置各种颜色的油墨，可以得到比单一通道更多的色调层次，在打印中表现出更多的细节。双色调模式还设置了三种或四种油墨颜色制版。只有灰度模式的图像才能转换为双色调模式。在"类型"下拉列表中可以选择单色调、双色调、三色调或四色调。单色调是用非黑色的单一油墨打印的灰度图像，如图3-7所示。

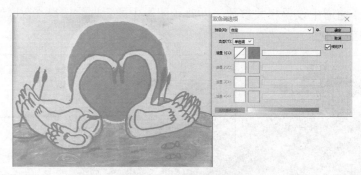

图3-7　单色调颜色模式

双色调、三色调、四色调则分别用两种、三种、四种油墨打印的灰度图像，如图3-8所示。选择相应模式之后，单击各个油墨颜色，可以打开颜色库，设置油墨颜色。

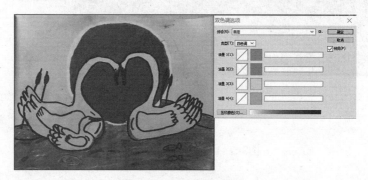

图3-8　四色调颜色模式

选择单色调时只能编辑一种油墨，四色调可以编辑全部的四种油墨，单击每种油墨色块左侧的曲线图，可以打开每种油墨的曲线对话框，调整曲线可以调整油墨的百分比，如图3-9所示。

压印颜色是指相互打印在对方之上的两种无网屏油墨。给每一种颜色命名后，单击该按钮可以在打开的压印颜色对话框中设置压印颜色的外观。

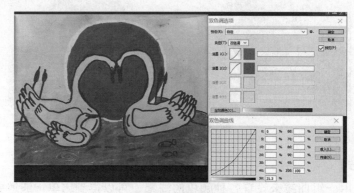

图3-9　曲线对话框

六、位图模式

位图模式只有纯黑和纯白两种颜色，适合制作单色图像或者制作艺术样式。彩色图像转成该种模式之后，颜色信息和饱和度信息都会丢失，只会保留亮度信息。只有灰度和双色调模式才可以转成位图模式。打开"位图"对话框后，设置输出分辨率，并且选择一种转换方式，如图3-10所示。

图3-10　位图模式

"50%阈值"选项：将50%色调作为分界点，灰度值高于128色阶的全部变为白色，低于128色阶的全部变为黑色，效果如图3-11所示。

"图案仿色"选项：用黑白点色调模仿色调，效果如图3-12所示。

图3-11　50%阈值选项　　　　　　　　图3-12　图案仿色选项

"扩散仿色"选项：通过使用从图像左上角开始的误差扩散过程转换图像，会产生颗粒状的纹理，效果如图3-13所示。

"半调网屏"选项：模拟平面印刷中使用的半调网屏外观，如图3-14所示。

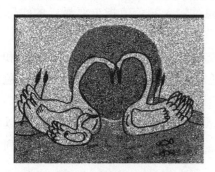

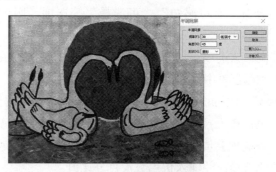

图3-13　扩散仿色选项　　　　　　　　图3-14　半调网屏选项

"自定义图案"选项：可选择一种图案模拟图像中的色调，如图3-15所示。

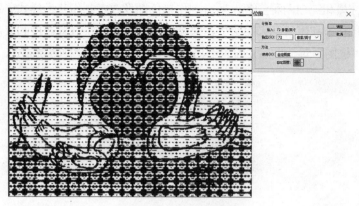

图3-15 自选图案选项

七、索引模式

在索引模式中，使用256种或更少的颜色替代全彩图像中上百万种颜色。Photoshop在颜色查找表中存放图像中的颜色。如果原图中的某种颜色不属于该颜色表中的颜色，则程序会选取最接近的一种或使用仿色进行模拟。索引模式是GIF文件默认的颜色模式。"索引颜色"对话框如图3-16所示。

图3-16 "索引颜色"对话框

调板：可以选择转换为索引颜色后使用的调板类型，它决定了使用哪些颜色。如果选择"平均分布""可感知""可选择"等选项，则可以通过输入颜色值指定要显示的实际颜色数量。

强制：该选项可以选择将某些颜色强制包括在颜色表中，选择"黑白"，可将纯白色和纯黑色添加到颜色表中；选择原色，可添加红色、绿色、蓝色、青色、洋红、黄色、黑色和白色；选择"Web"可添加216种Web安全色；选择"自定"则允许定义为要添加的自定颜色。

仿色：在下拉列表中可以选择是否使用仿色。如果要模拟颜色表中没有的颜色，可以采用仿色。该选项会混合现有颜色的像素，模拟缺少的颜色。要使用仿色。可在该选项下拉列表中选择仿色选项，并输入仿色数量百分比值。

八、多通道模式

多通道模式是一种减色模式，将图像模式改为多通道模式之后，可以得到青色通道、品红通道、黄色通道，如果删除了RGB、CMYK、Lab颜色模式中的某一个通道，则颜色模式也会更改为多通道模式。该模式下，每个通道都是256级灰度，可进行特殊打印。

图3-17 多通道模式展示

任务二 利用"色阶""曲线"等命令调整对象

色阶命令在Photoshop中经常使用，可以用于调整图像的对比度、饱和度以及灰度等。下面介绍色阶命令的一些基本用法。

任务描述

启动Photoshop CC软件，打开本书提供的大厦.jpg素材文件，对该照片进行调色。

任务实施

步骤1 启动Photoshop CC软件后，选择"文件"→"打开"命令（或者按【Ctrl+O】组合键），打开素材图片大厦.jpg，如图3-18所示。

图3-18 大厦.jpg

步骤2 选择"图像"→"调整"→"色阶"命令，打开"色阶"对话框，观察图像的直方图可以看到，该图像的暗部区域和亮部区域信息丢失，所以造成整个图像的颜色偏灰，需要对其进行调整。

步骤3 通过拖动直方图下方的黑场按钮、白场按钮以及灰场按钮对图像进行调整。也可以在"输入色阶"三个文本框中输入相应数值，具体数值可参考图3-19。勾选"预览"复选框，可以实时查看图像的调整状态。如果对调整结果不满意，则可按住【Alt】键的同时单击"复位"按钮，重新进行调整。单击"确定"按钮，此时图像的效果如图3-20所示，可以看到整个图像不再灰蒙蒙，颜色层次更加清晰丰富。但是整个图像偏暗，可是适当提高图像亮度，让图像看起来更加明亮。

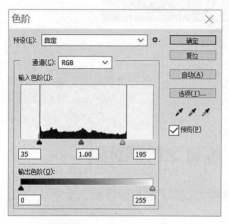

图3-19 "色阶"对话框

图3-20 调整色阶后效果

步骤4 选择"图像"→"调整"→"曲线"命令，打开"曲线"对话框，单击添加调节点并进行拖动，让曲线呈现上弦线的状态，提高图像的亮度，数值可参考图3-21中曲线设置。单击"确定"按钮，此时图像效果如图3-22所示。

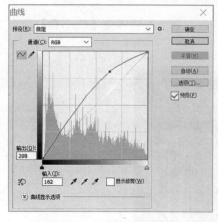

图3-21 "曲线"对话框

图3-22 调整曲线后效果

步骤5 图像亮度有明显提升，但是温暖感欠佳，可以考虑利用色彩平衡命令略微调整图像色调，选择"图像"→"调整"→"色彩平衡"命令，打开"色彩平衡"对话框，参考图3-23输入具体参数值。单击"确定"按钮，此时图像调整效果明亮且温暖，如图3-24所示。

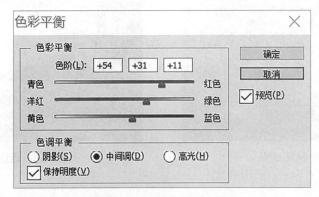

图3-23 "色彩平衡"对话框

图3-24 调整"色彩平衡"后效果

任务拓展

打开本书提供的素材文件秋天.jpg，如图3-25所示。对图像进行调整，调整结果如图3-26所示。

图3-25　秋天.JPG

图3-26　调整后参考效果

相关知识

一、"色阶"命令

"色阶"命令用于调整对象的对比度、饱和度、灰度（快捷键为【Ctrl+L】）。在图像中选择"图像"→"调整"→"色阶"命令，弹出"色阶"对话框，如图3-27所示。在"输入色阶"下方可以看到当前图像的色阶直方图，用作调整图像基本色调的直观参考。

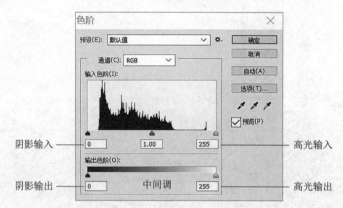

图3-27　"色阶"对话框

"直方图"：对话框中间为直方图，表示亮度值，其值为0~255，纵坐标为图像像素值。Photoshop中的直方图用图形表示了图像的每个亮度级别的像素数量，展示了像素在图像中的分布情况。通过观察直方图可以判断出照片的阴影、中间调和高光中包含的细节是否充足，以便对其作出调整。

例如，在图3-28中，未调整前的图片显得灰蒙蒙的，通过直方图信息可知，整个图像的暗部区域几乎丢失，通过拖动直方图下方的按钮调整后，可以看到图像更加清晰，细节更加丰富。黑场与灰场按钮之间的区域表示图像中偏暗的区域，当增加这部分区域，图像会变暗；白场与灰场按钮之间的区域表示图像中偏亮的区域，当增加这部分区域，图像会变亮。

图3-28 "色阶"命令调整图像

"通道"选项：可以从其下拉菜单中选择不同的通道进行颜色调整。具体选项会根据图像颜色模式的不同而不同。单独调整通道值，能够更加细致地调整对象。

"输入色阶"选项：用于控制图像选定区域最暗和最亮的色彩，通过拖动滑块或者输入数值的方式进行调整，右侧滑块和数值框用于调整亮部区域，图像中所有高于该亮度值的所有像素都将变为白色；中间滑块和数值框用于调整灰度，当数值大于1.00，将降低图像中间灰度，当数值小于1.00，将提高图像中间灰度；左侧滑块和数值框用于调整暗部区域，图像中所有低于该亮度值的所有像素都将变为黑色。

"输出色阶"选项：输出色阶的调整会降低图像的对比度，增加图像的灰度。输出色阶框下，左框为阴影的输出色阶（黑场），其值越大，图像的阴影区越小，图像的亮度越大；右框为高光的输出色阶（白场），其值越大，图像的高光区越大，图像的亮度越大，也可以直接拖动滑块设定输出色阶。

二、"曲线"命令

"曲线"命令在调色时使用频率较高，不仅可以调整亮度，还可以校正图像的色调（快捷键为【Ctrl+M】）。"曲线"命令使用调整曲线来精确调整色阶，可以调整图像整个色调范围内的点。曲线调整比色阶调整的功能更强大。

选择"图像"→"调整"→"曲线"命令，弹出"曲线"对话框，其中心是一条45°的斜线。横向参数表示输入值，纵向参数表示输出值，在图像没有改变的情况下，输出值等于输入值。在线上单击可以添加控制点，拖动控制点改变曲线的形状，可调整图像的色阶，最多可以向曲线中添加14个控制点。当按住鼠标左键拖动控制点向上移动时，曲线变为上曲线，输出色阶大于输入色阶，图像变亮；反之当曲线变为下曲线时，输出色阶小于输入色阶，图像变暗。具体效果如图3-29所示。

图3-29 "曲线"命令调整图像

移动曲线顶部的点可调整图像高光区域，移动曲线中心的点可调整中间调区域，移动曲线底部的点可调整阴影区域。按住【Ctrl】键的同时在图像上单击可以从图像获取调整点。

在通道列表框中，可选择不同的通道进行色阶的调整。通过对单个原色通道的调整，可以改变原色的混合比例，改变图像的色调。选取其中的红色通道曲线向上弯曲，图像当中的红色部分将有所增加，图像偏向于红色调，如图3-30所示。选取其中的蓝色通道曲线向上弯曲，图像当中的蓝色部分将有所增加，图像偏向于蓝色调，如图3-31所示。

图3-30　单独调整红色通道效果

图3-31　单独调整蓝色通道效果

三、"色彩平衡"命令

"色彩平衡"命令用于调节图像的色彩平衡度（快捷键【Ctrl+B】），该命令以"阴影""中间调""高光"等图像中不同的亮度部分作为选区，通过拖动三角滑块，或者直接在"色阶"文本框中输入数值，在上述选区中添加过渡色来平衡色彩效果，达到调整图像色调的目的，常用于调整图像偏色。

选择"图像"→"调整"→"色彩平衡"命令，打开"色彩平衡"对话框，如图3-32所示。"色彩平衡"区域包括"阴影""中间调""高光"三个单选按钮，可以分别调整图像不同色调区域的色彩。对话框的中部是控制整个图像三组互补颜色的色条，分别是红色对青色、绿色对洋红、蓝色对黄色。若选中"保持明度"复选框，在调整图像色彩时亮度将保持不变。

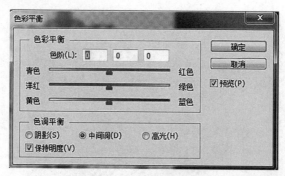

图3-32　"色彩平衡"对话框

如图3-33所示，原图像偏红，可以在高光和中间调区域，适当增加绿色比例，减少红色比例，校正图像的偏色。

图3-33　"色彩平衡"命令调整图像

四、"亮度/对比度"命令

"亮度/对比度"命令用于调节图像的亮度和对比度，可以对图像的色彩范围进行简单调整。选择"图像"→"调整"→"亮度/对比度"命令，打开"亮度/对比度"对话框，如图3-34所示。

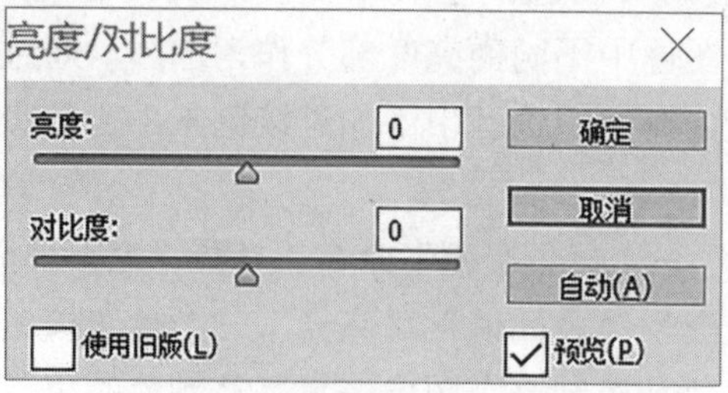

图3-34　"亮度/对比度"对话框

亮度/对比度既可以由用户手动调整，也可以单击"亮度/对比度"对话框中的"自动"按钮智能调整，图像调整效果如图3-35所示。

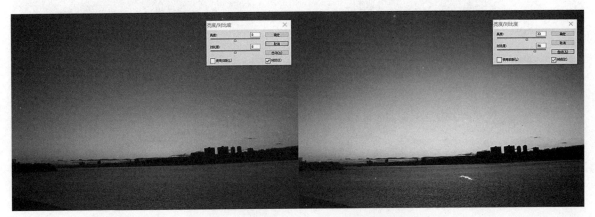

图3-35 "亮度/对比度"命令自动调整效果

五、"自动对比度"命令

"自动对比度"命令可以自动将图像中的最亮部分和最暗部分变成白色和黑色，从而使亮部更亮，暗部更暗，增加图像的对比度。选择"图像"→"自动对比度"命令，即可得到调整后的图像。图像调整效果如图3-36所示。

（a）原图　　　　　　　　　　　　　　　　（b）调整后

图3-36 "自动对比度"命令调整效果

六、"自动颜色"命令

"自动颜色"命令可根据图像特点，将图像的明暗对比度、亮度、色调以及饱和度一起调整，能够快速纠正偏色和饱和度过高的问题，同时能够兼顾各个颜色之间的协调，使图像颜色更加丰满自然。选择"图像"→"自动颜色"命令，图像调整效果如图3-37所示。

（a）原图　　　　　　　　　　　　　　　　（b）调整后

图3-37　"自动颜色"命令调整图像

七、"自动色调"命令

"自动色调"命令自动调整图像中的暗部和亮部。该命令对每个颜色通道进行调整，将每个颜色通道中最亮和最暗的像素调整为纯白和纯黑，中间像素值按比例重新分布。由于"自动色调"命令单独调整每个通道，所以可能会移去颜色或引入色偏。选择"图像"→"自动色调"命令，图像调整效果如图3-38所示。

（a）原图　　　　　　　　　　　　　　　　（b）调整后

图3-38　"自动色调"命令调整图像

任务三　利用"色相/饱和度"命令修改颜色

📺 任务描述

启动Photoshop CC软件，打开本书提供的素材文件"变形金刚.jpg"，如图3-39所示，对图中的变形金刚进行变装，更改铠甲颜色，完成后保存为"变装变形金刚.jpg"。

图3-39 变形金刚

任务实施

步骤1 选择"文件"→"打开"命令，打开"打开"对话框，打开"变形金刚.jpg"素材文件，按【Ctrl+J】组合键，复制"背景"图层。

步骤2 单击"图层"面板下方的"创建新的填充或调整图层"按钮，在弹出的下拉菜单中选择"色相/饱和度"选项，如图3-40所示。此操作可以在图层中随时查看与修改，相比较选择"图像"→"调整"→"色相/饱和度"命令，此操作不破坏原图像信息。

图3-40 "色相/饱和度"设置

步骤3 选择好通道后，用吸管吸取变形金刚要变色的部分，设置好参数，拖动色相滑动块对变形金刚进行变色。

步骤4 选择"色相/饱和度"蒙版，利用黑色和白色柔边画笔在图像上进行涂抹，使图像显示或者隐藏变色效果，过程如图3-41所示。

图3-41 "色相/饱和度"蒙版调整过程

步骤5 按【Ctrl+Shift+Alt+E】组合键盖印可见图层。复制"盖印"图层，将复制的图层名称修改为"柔光"，在"图层"面板中将该图层的混合模式修改为"柔光"。

步骤6 在"图层"面板下方单击"创建新的填充或调整图层"按钮，在弹出的下拉菜单中选择"自然饱和度"选项，设置参数，轻微调整画面整体的自然饱和度，并且调整"图层"面板中"柔光"图层的不透明度，最终效果如图3-42所示。

图3-42 变色效果参考

小技巧

为了不改变图像的实际颜色和色调，可以通过调整图层的方法改变图像色彩。

任务拓展

打开本书提供的素材文件"小火车.jpg"，如图3-43所示。为图中的小火车更换颜色，完成后保存为"变色小火车.jpg"，变色效果如图3-44所示。

图3-43　小火车

图3-44　变色小火车

相关知识

一、"色相/饱和度"命令

"色相/饱和度"命令用来调节图像的颜色以及颜色的鲜艳程度（快捷键为【Ctrl+U】），还可以对灰度图像增加颜色，在编辑图片方面用得较多。"色相/饱和度"对话框如图3-45所示。

在"色相/饱和度"对话框中，可以通过下拉列表选择相应的颜色进行调整。可以选择"全图"对整个图像进行调整，也可以选择某种颜色进行单色调整，还可以利用吸管工具在图像中吸取颜色，对吸取的颜色进行调整。

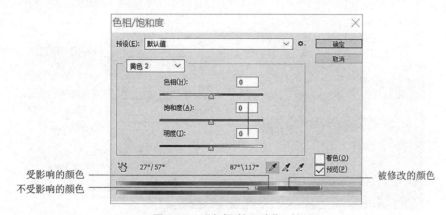

图3-45　"色相/饱和度"对话框

　　"色相/饱和度"对话框下方有两个颜色条，上面的颜色条表示修改前的颜色，下面的颜色条表示修改后的颜色，选择了要修改的颜色后，两个颜色条之间会出现小滑块。内部的垂直滑块定义了将要修改颜色的范围，调整影响范围会由此向外部三角滑块处逐步减弱，三角滑块以外的区域不受影响。被修改的颜色区域以及受影响的修改区域的大小，均可以通过拖动滑块进行修改。

　　单击"图像调整"按钮，单击按钮后选择图像中要调整的颜色并拖动鼠标，可以修改该颜色的饱和度。向左拖动可降低颜色饱和度，向右拖动可增加颜色饱和度。

　　如图3-46所示，当调整小女孩衣服颜色时，衣服的颜色还有背景部分都会有相应的色相/饱和度变化，如果只想调整小女孩身上衣服的颜色，可以在下拉列表中选取洋红色，使用吸管工具在图像中进行单击选取，将会切换到最接近的基准颜色进行调整。选择好基准颜色后，可以进一步调整受影响的颜色区域大小，使修改结果更加准确。

图3-46　"色相/饱和度"命令调整效果

　　"着色"选项：勾选该复选框后，图像会转为当前前景色的颜色，变为单色图像，若前景色是黑色或者白色，则图像会变为红色。变为单色图像之后，可以通过拖动色相滑块修改颜色，通过拖动饱和度滑块修改其饱和度，通过拖动明度滑块来修改其明度，如图3-47所示。

图3-47　"着色"选项设置

二、"自然饱和度"命令

"自然饱和度"命令可用于调整图像饱和度，自然饱和度会检测画面中颜色的鲜艳程度，尽量让照片中所有颜色的鲜艳程度趋于一致，正向调整时，自然饱和度会优先增加颜色较淡区域的鲜艳度，将其大幅度提高。选择"图像"→"调整"→"自然饱和度"命令，打开"自然饱和度"对话框，设置相关参数，调整效果如图3-48所示。

（a）原图　　　　　　　　　　　　　　　　（b）调整后

图3-48　"自然饱和度"命令调整图像

任务四　利用"匹配颜色""替换颜色"命令调整图像颜色

任务描述

启动Photoshop CC软件，打开素材文件"小鸟.jpg"，如图3-49所示，对小鸟图像的颜色进行调整，调整结果如图3-50所示。

图3-49　素材文件"小鸟.jpg"　　　　图3-50　修改结果参考

任务实施

步骤1 选择"文件"→"打开"命令，在打开的对话框中选择素材"小鸟.jpg"和"夏日.jpg"，选中小鸟图像后，选择"图像"→"调整"→"匹配颜色"命令，在"匹配颜色"对话框的"源"下拉菜单中选择夏日.jpg，并调整上方图片中的参数，设置合适后单击"确定"按钮。效果如图3-51所示。

图3-51 "匹配颜色"对话框

步骤2 选择"图像"→"调整"→"替换颜色"命令,选择小鸟翅膀部分,设置合适参数,进行翅膀部分的颜色更改。选择"图像"→"调整"→"替换颜色"命令,选择小鸟下巴部分,设置合适参数,对过亮的部分进行更改。效果如图3-52所示。

图3-52 调整小鸟翅膀部分和下巴部分

步骤3 打开"图像"→"调整"→"阴影/高光"命令,对图像的暗部区域以及亮部区域进行更加细致的调整。调节效果如图3-53所示。

图3-53 对整个图像进行"阴影/高光"处理

📶任务拓展

打开本书提供的素材文件"海鸥.jpg"，如图3-54所示，利用匹配颜色等命令对海鸥进行调色，调整效果如图3-55所示。

图3-54 素材文件"海鸥.jpg"

图3-55 修改效果参考

📝相关知识

一、"匹配颜色"命令

"匹配颜色"命令可以调整图像的亮度、色彩饱和度以及色彩平衡。可将当前图层中图像的颜色与其他图层中的图像或者其他图像文件中的图像颜色进行匹配。选择"图像"→"调整"→"匹配颜色"命令，弹出的对话框如图3-56所示。

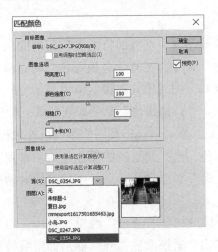

图3-56 "匹配颜色"对话框

图像选项：拖动"明亮度"滑块可增加或减少图像的亮度，拖动"颜色强度"滑块可以增加或者减少图像中的颜色像素值，拖动"渐隐"滑块可以控制应用与匹配图像的调整量。若选中"中和"复选框则表示可自动移去图像中的色痕。

图像统计：在"源"下拉列表中选择需要匹配的源图像，如果选择"无"，表示用于匹配的源图像和目标图像相同，即当前图像，也可以选择其他已经打开的图像来匹配当前图像；在"图层"下拉列表中可选择用于指定匹配图像的图层。

如图3-57所示，用图1匹配图2的颜色之后，可以看到图2的光源发生了明显变化，整个图像更加明亮。

图3-57　"匹配颜色"命令效果参考

二、"替换颜色"命令

"替换颜色"命令可以调整图像中选取的特定颜色范围的色相、饱和度和明度，选择"图像"→"调整"→"替换颜色"命令，打开"替换颜色"对话框，如图3-58所示。此处有两个预览模式：图像模式和选区模式。图像模式在预览框中显示比较适合处理放大的图像；选区模式在预览框中显示被蒙版区域。"替换颜色"命令如同在单一颜色下操作的"色相/饱和度"命令，只是它需要确定选取的颜色，然后对选中范围的颜色进行色相、饱和度和亮度的调整。

"吸管工具"用来吸取颜色，选择要更改的颜色之后，设置其容差参数，容差值越大可更改颜色的范围越大，选中"选区"单选按钮，可以创建蒙版并通过拖动滑块来调整蒙版内图像的色相、饱和度以及明度。

如图3-59所示，如果想要修改树叶的颜色，增加一些秋天的气息，可选择"图像"→"调整"→"替换颜色"命令，弹出"替换颜色"对话框，使用吸管工具在图像窗口或预览窗口中选取树叶颜色，用添加吸管工具可增加选取颜色范围，减少吸管工具可减少选取颜色范围。

设置颜色的容差，颜色容差值越大，表示选取颜色的范围越宽。

在替换区域拖动滑块或输入数值可设置所需颜色的色相、饱和度和明度，单击"确定"按钮即可。

图3-58 "替换颜色"对话框

图3-59 "替换颜色"命令改变树叶颜色

三、"阴影/高光"命令

使用数码照相机逆光拍摄时经常会遇到场景中亮的区域特别亮，暗的区域特别暗。"阴影/高光"命令能够基于阴影或者高光中的局部相邻像素来校正每个像素，调整阴影区域时对高光的影响很小，调整高光区域时对阴影的影响很小，该命令能够快速改善图像中曝光过度或者曝光不足区域的对比度，同时保持图像的整体平衡，也可以校正由于太接近相机闪光灯而有些发白的焦点。

选择"图像"→"调整"→"阴影/高光"命令，打开"阴影/高光"对话框，如图3-60所示，在对话框中向右调整阴影区的滑块，图像的暗部增亮，向右调整高光区滑块，图像的高光区减弱阴影。高光命令对图像调整效果十分明显。

选中"显示更多选项"复选框，此时"阴影/高光"对话框会展开。阴影和高光部分不仅有数量，而且有色调宽度和半径选项供用户选择。另外，还有颜色校正、中间调对比度、修剪黑色、修剪白色等选项。

色调宽度：控制阴影或高光中色调的修改范围。数值越小，校正的范围越小，数值越大，校正的范围越大。

半径：半径控制每个像素周围的局部相邻像素的大小。向左移动，滑块会指定较小的区域；向右移动，滑块会指定较大的区域。

颜色校正：在已经更改的区域对图像颜色进行微调。

中间调对比度：调整中间调中的对比度。向左移动滑块降低对比度，向右移动滑块增加对比度。

修剪黑色/修剪白色：指定在图像中会将多少阴影和高光剪切到新的极端阴影和高光颜色，该值越高，图像的对比度越大。

如图3-61所示，本来逆光拍摄看不清楚细节的照片，在经过"阴影/高光"处理后，可以看到图片中的细节更加丰富。

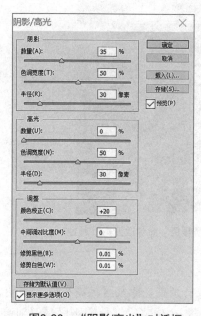

图3-60 "阴影/高光"对话框

图3-61 "阴影/高光"命令调整效果

四、"可选颜色"命令

"可选颜色"命令是高端扫描仪和分色程序使用的一项技术，该命令可以通过图像中限定颜色区域像素点的原色的比例对图像中的颜色进行调整，不会影响到其他颜色。

选择"图像"→"调整"→"可选颜色"命令，打开"可选颜色"对话框，如图3-62所示。在"颜色"下拉列表中可以选择不同的颜色进行调整。

"方法"区域的"相对"与"绝对"选项的区别：相对表示是按照CMYK总量的原有百分比来调整颜色；绝对是只按CMYK总量的绝对值来调整颜色。例如：图中的黄色总量原来是50%，如果用绝对的方法增加10%，现在则为60%；如果用相对的方法增加10%，则最终的量为50%+（50%×10%）=55%。

如图3-63所示，使用可选颜色对一幅RGB图像中的红色进行调整，当增加洋红色和黄色在图像中的分量时，由于红色是由洋红色和黄色叠加得到，所以图像中红色的圣女果会变得更加鲜艳。

图3-62 "可选颜色"对话框　　　　图3-63 "可选颜色"命令调整效果

任务五 利用"阈值""渐变映射"命令制作插画

任务描述

启动Photoshop CC软件，打开素材文件"自由女神像.jpg"，如图3-64所示，利用相关命令制作插画效果的图片，插画效果如图3-65所示。

图3-64 自由女神像.jpg

图3-65 自由女神像插画效果

任务实施

步骤1 打开素材"自由女神像.jpg"，将背景图层复制一层备用，选择"滤镜"→"其他"→"高反差保留"命令，打开"高反差保留"对话框，设置合适参数，保留图像中反差比较大的部分，其他部分全部变成中性灰，如图3-66所示。

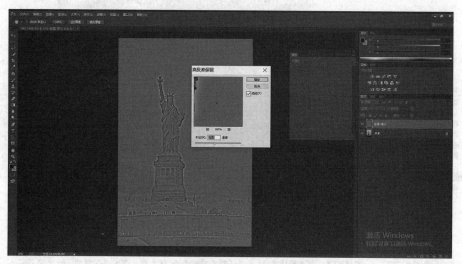

图3-66   "高反差保留"命令调整效果

步骤2 单击"图层"面板下方的"创建新的填充或调整图层"按钮，在弹出的下拉菜单中选择"阈值"命令。拖动滑块将图像变为对比度高的黑白图像，如图3-67所示。

图3-67   "阈值"命令调整效果

步骤3 单击"图层"面板下方的"创建新的填充或调整图层"按钮，在弹出的下拉菜单中选择"渐变映射"命令，选择合适的渐变颜色，并将该调整图层设置为"滤色"模式，如图3-68所示。

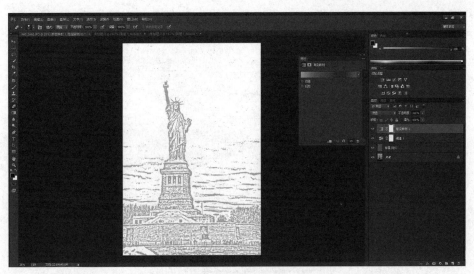

图3-68 "渐变映射"命令调整效果

小技巧

"渐变映射"命令常常会结合图层混合模式一起使用，采用不同的图层混合模式会有不同的表现效果，可以多加尝试。

任务拓展

打开素材文件"古塔.jpg"，尝试利用"渐变映射"命令结合图层混合模式制作不同的图像效果。各种效果如图3-69所示。

图3-69 部分图像效果参考

相关知识

一、"黑白"命令

"黑白"命令是专门用于制作黑白照片和黑白图像的工具，它可以控制每一种颜色的色调深浅，当彩色照片转成黑白照片时，不同颜色的灰度可能非常相似，色调的层次感就会被削弱，此时黑白工具就可以分别调整不同颜色的灰度，从而使得黑白照片的细节更加丰富。

选择"图像"→"调整"→"黑白"命令，打开"黑白"对话框，如图3-70所示。

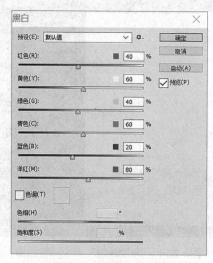

图3-70　"黑白"对话框

在"预设"下拉列表中可以选择一个预设的调整文件，可以对对象自动进行应用调整，图3-71所示为使用不同预设文件创建的黑白效果。还可以单击图像中需要改变的区域同时拖动鼠标，向右拖动表示增加某种颜色的百分比，向左拖动表示减小某种颜色的百分比。

图3-71　不同预设条件下的黑白效果

除此之外，"黑白"命令还可以为灰度着色，使图像展现单色效果。如果要为灰度着色创建单色调效果，可勾选"色调"复选框，再拖动颜色滑块和饱和度滑块进行调整，还可以通过单击颜色选项旁边的色块，在打开的拾色器中选择颜色，如图3-72所示。

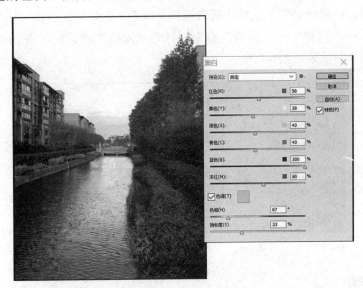

图3-72　"黑白"命令为灰度图像上色

二、"去色"命令

"去色"命令将彩色图像的颜色转换为灰度效果，但是该命令与将图像转为灰度模式不同。"去色"命令在转换过程中虽然去掉了彩色信息，但图像的颜色模式并没有发生改变，仍然可以使用画笔等工具进行颜色填充，也可以通过调整命令给图像着色。如果将图像转换为灰度模式，转换后的图像信息只有亮度信息，不能再出现彩色信息。

选择"图像"→"调整"→"去色"命令，或者按【Shift+Ctrl+U】组合键，即可完成去色操作，去色命令的执行效果如图3-73所示。

图3-73　"去色"命令调整效果

三、"阈值"命令

"阈值"命令可以将一张彩色或者灰度图像调整成高对比度黑白图像，这样便可区分开图像中最亮和最暗的区域。用户可以指定某个色阶作为阈值，比阈值大的像素转为白色，比阈值小的像素转为黑色。它适合制作单色照片或者模拟类似于手绘效果的线稿。

选择"图像"→"调整"→"阈值"命令，打开"阈值"对话框，设置相应参数，即可得到高对比度黑白图像，效果如图3-74所示。

图3-74　　"阈值"命令调整效果

四、"渐变映射"命令

"渐变映射"命令可以将图像转为灰度，再用特定的渐变色替换图像中的各级灰度，如果指定的是双色渐变，则图像中的阴影会映射到渐变填充中的一个端点颜色，而图像中的高光则映射到另一个端点颜色。当渐变映射配合图层混合模式使用时，常常有很好的调色效果。

选择"图像"→"调整"→"渐变映射"命令，打开"渐变映射"对话框，如图3-75所示。Photoshop会使用当前的前景色和背景色改变图像的颜色。单击渐变颜色条右侧的下拉按钮，可以在打开的面板中选择一个预设的渐变。单击渐变颜色条，打开"渐变编辑器"对话框进行自行设计，如图3-76所示。

图3-75　　"渐变映射"对话框

图3-76　　"渐变编辑器"对话框

"仿色"选项：可以添加随机的杂色来平滑渐变填充的外观，减少带宽效应，使填充效果过渡更加自然。

"反向"：反转渐变颜色的填充方向。如图3-77所示，图像执行渐变映射后，设置黄色、紫色渐变，未勾选"反向"复选框和勾选"反向"复选框后的渐变映射效果。

图3-77 "反向"选项勾选效果

五、"通道混合器"命令

"通道混合器"命令可以改变通道颜色的明度，从而改变图像颜色，该命令可以将用户所选择的通道与想要调整的颜色通道混合，从而修改该颜色通道中的光线量，影响其颜色含量，从而改变颜色，可以制作高品质的灰度图像、棕褐色调图像，或者对图像进行创造性的颜色调整。

选择"图像"→"调整"→"通道混合器"命令，打开"通道混合器"对话框，如图3-78所示，需要调整哪个通道，就在"输出通道"下拉列表框中选择这一通道。

通道混合器可以让两个通道采用相加或相减的模式。混合相加模式可以增加两个通道中的像素值，使通道中的图像变亮，混合减去模式则会从目标通道中相应的像素上减去源通道中的像素值，使通道中的图案变暗。

"预设"下拉列表：系统保留的已调整好的数据，如图3-79所示。

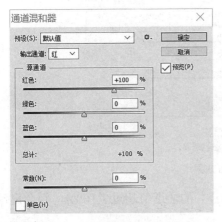

图3-78 "通道混合器"对话框

图3-79 "预设"下拉列表

"输出通道"选项：用于选择要调整的通道。

"源通道"区域：用于设置输出通道中源通道所占的百分比，拖动某源通道的滑块，向左拖动时，表示减少该通道在输出通道中所占的百分比，向右拖动时，表示增加该通道在输出通道中所占的百分比。

如图3-80所示，在输出通道中选择蓝色，在源通道中选择红色，则表示红通道与所选的蓝色输出通道相混合，当向右侧拖动滑块，红通道会采用相加模式与蓝通道混合，当向左侧拖动滑块，红通道会采用相减模式与蓝通道混合，用户可以控制混合强度，当滑块越靠近两端时，则表示混合强度就越高。

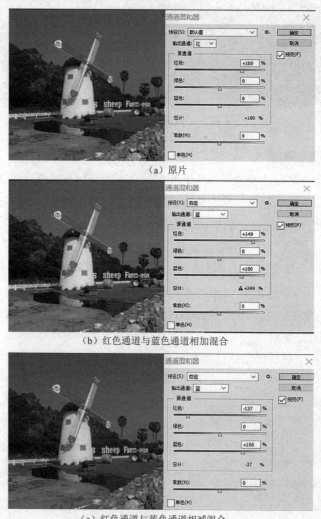

（a）原片

（b）红色通道与蓝色通道相加混合

（c）红色通道与蓝色通道相减混合

图3-80　混合效果

"总计"选项：显示了源通道的显示值。如果合并的通道值超过了100%，则会出现相关提示，并且会损失阴影和高光细节。

"常数"选项：用来调整输出通道的灰度值。数值为负可以在通道中增加黑色，数值为正可以在通道中增加白色。当数值为−200%时，会使输出通道成为全黑；当数值为+200%时，则会使输出通道成为全白，如图3-81所示。

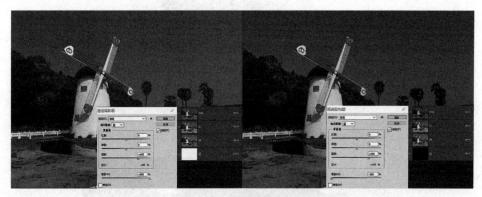

图3-81 常数选项设置

"单色"选项：勾选该复选框可以将彩色图像转换为黑白效果，如图3-82所示。

图3-82 单色选项效果

六、"色调分离"命令

"色调分离"命令可以按照指定的色阶数值来减少图像颜色或者灰度图像中的色调，简化图像内容。该命令非常适合创建大的单调区域，还可以在彩色图像中产生有趣的效果。

选择"图像"→"调整"→"色调分离"命令，打开"色调分离"对话框，如图3-83所示。

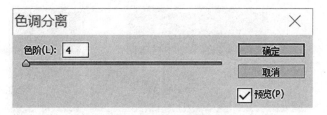

图3-83 "色调分离"对话框

当降低色阶数值时，就可以得到简化的图像，当色阶数值增加，则图像的细节显示就更加丰富。如果结合高斯模糊等滤镜，可以得到更少更大的色块。如图3-84所示，当色阶数值分别设置为4和6时，显然后者的细节更加丰富。

（a）原图

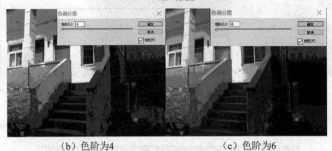

（b）色阶为4　　　　　　　　　（c）色阶为6

图3-84　"色调分离"命令调整效果

七、"变化"命令

"变化"命令可以快速改变图像的色彩平衡，是一个简单且直观的调整工具。只需要单击图像的缩览图就可以调整色彩、饱和度、明度，并且可以预览更改后的效果，如果出现溢色，会给出相关提示，非常适合新手。

"变化"命令是基于色轮调整颜色的。在"变化"对话框的七个缩览图中，处于对角位置的颜色互为补色。单击一个缩览图，增加一种颜色的含量时，会自动减少其补色的含量。例如，增加红色会减少青色，增加绿色会减少洋红色，增加蓝色会减少黄色。

选择"图像"→"调整"→"变化"命令，打开"变化"对话框，如图3-85所示。

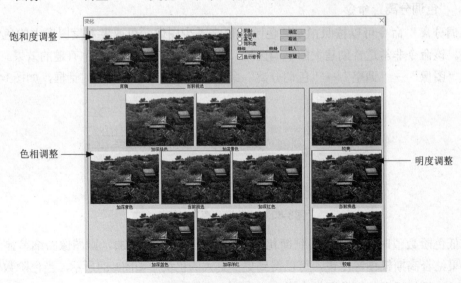

图3-85　"变化"对话框

原稿/当前挑选：对话框顶部的"原稿"缩览图中显示了原始图像。"当前挑选"缩览图中显示了图像的调整结果。首次打开该对话框，因没有进行调整，两个图像一致。"当前挑选"选项随着调整的进行而实时显示当前的调整结果。若要将图像恢复到调整前的状态，单击"原稿"缩览图即可。

"色相调整"区域：在对话框左下方的七个缩览图中，位于中间的"当前挑选"缩览图用来显示调整后图像效果，其周围六个缩览图均用来调整颜色，单击其中任何一个缩览图都可将相应的颜色添加到图像中，连续单击则可以累积添加颜色效果。如果要减少某一种颜色，则可单击其对角的颜色缩览图。比如，要减少洋红色，可单击加深绿色缩览图即可。

阴影/中间调/高光：选择相应的选项就可以调整图像中的阴影、中间调和高光区域的颜色。

饱和度/显示修剪："饱和度"用来调整颜色的饱和度。勾选"显示修剪"复选框后对话框左下方会出现三个缩览图，中间的"当前挑选"缩览图显示了调整结果。单击"减少饱和度"和"增加饱和度"缩览图可修改饱和度。在增加饱和度时，可以勾选"显示修剪"复选框，此时若超过了饱和度的最高限度，颜色将被修剪，可以看到"增加饱和度"缩览图中会标识出溢色区域，如图3-86所示。

粗糙/精细：用来控制每次的调整量。

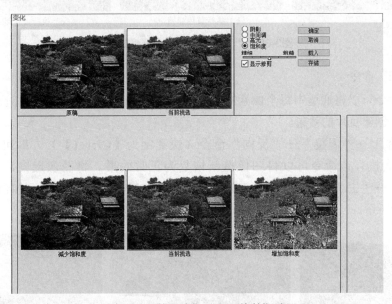

图3-86　"饱和度""显示修剪"选项

八、"照片滤镜"命令

"照片滤镜"命令模拟照相机的彩色滤镜，在处理数码照片时十分有用，可以用来纠正偏色。选择"图像"→"调整"→"照片滤镜"命令，打开"照片滤镜"对话框，如图3-87所示。

"滤镜/颜色"选项：可以根据需要选择相关滤镜，也可以单击拾色器自定义滤镜。

"浓度"选项：可调整应用到图像中颜色的应用量，浓度越高，颜色应用的强度就越大。

"保留明度"选项：勾选该复选框后可以保持图像在修改后明度保持不变，否则会因为增加滤镜而使图像的明度降低。

图3-88所示为执行不同照片滤镜后的效果。

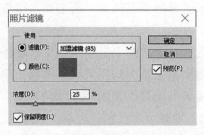

图3-87　"照片滤镜"对话框

　　　（a）原图　　　　　　　　（b）执行黄色滤镜　　　　　　　（c）执行蓝色滤镜

图3-88　"照片滤镜"命令调整效果

九、"反向"命令

"反向"命令可以将通道中每个像素的亮度都调整到256级颜色值刻度上相反的值，从而翻转图像的颜色，创建负片的效果。

选择"图像"→"调整"→"反向"命令（快捷键为【Ctrl+I】），即可看到图像产生负片效果，再次执行该命令可以将图像重新恢复为正常效果。将图像反向后，再选择"图像"→"调整"→"去色"命令（快捷键为【Shift+Ctrl+U】），则可以得到黑白负片效果。具体效果如图3-89所示。

　　　（a）原图　　　　　　　（b）执行反向命令后　　　　　（c）执行反向和去色命令后

图3-89　"反向"命令调整效果

十、"HDR色调"命令

"HDR色调"命令可用来修补太亮或太暗的图像，制作出高动态范围的图像效果，能非常快捷地调色及增加清晰度，操作比较简便。

选择"图像"→"调整"→"HDR色调"命令，打开"HDR色调"对话框，如图3-90所示。

预设：下拉列表中是Photoshop预设的一些调整效果，如图3-91所示。

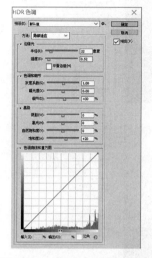 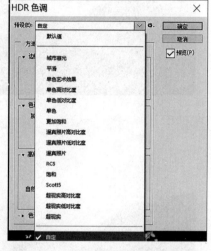

图3-90 "HDR色调"对话框　　　图3-91 "HDR色调"预设调整效果

方法：在下拉到表中选择不同的方法得到不同的调整效果。有"局部适应""曝光度和灰度系数""高光压缩""色调均化直方图"四种方法。其中"高光压缩"和"色调均化直方图"没有可调整的选项，而"曝光度和灰度系数"也只有曝光度和灰度系数两项参数可调。"局部适应"中可调整的参数最多，如图3-92所示，也是最常用的方式。

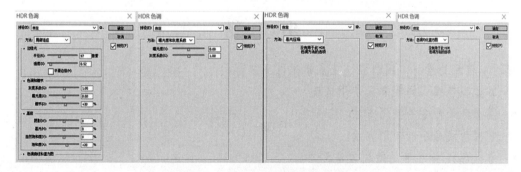

图3-92 "方法"选项调整参数展示

边缘光：用来控制调整的范围和应用强度。

调和细节：用来调整照片的曝光度，以及阴影高光中的细节显示程度。

高级：用来增加和降低色彩的饱和度。

色调曲线和直方图：可查看照片的直方图，并提供了曲线可用于调整图像的色调。

如图3-93所示，图中照片的暗部细节不足，可以利用 HDR 色调轻松提取暗部细节，原图的画面也显得过于平滑，通过调整HDR 色调，能赋予画面更多的细节。

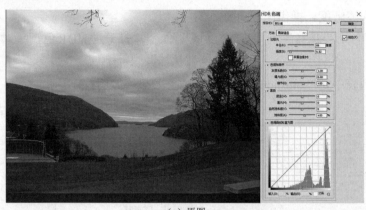

（a）原图

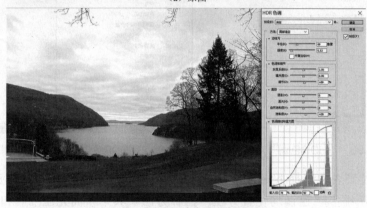

（b）执行HDR命令后效果参考

图3-93　执行HDR命令效果参考

小　结

通过本单元的学习，用户应该重点掌握以下内容：

* 掌握颜色模式的概念，使用情境；
* 掌握色阶命令的使用方法；
* 掌握曲线命令的使用方法；
* 掌握色相/饱和度的使用方法；
* 掌握其他颜色调整的常用方式。

练　习

一、多项选择题

1. 下列色彩模式内置滤镜最多的是（　　　）。

    A. RGB   B. CMYK   C. 灰度   D. 位图

2. 下列颜色混合后能够得到印刷品绿色的是（　　　）。

  A. C: 100，Y: 100　　　　　　　　　B. C: 100，K: 100

  C. M: 100，Y: 100　　　　　　　　　D. M: 100，K: 100

3. 在 Photoshop 中对图像的对比度进行调整的命令是（　　　）。

  A. "亮度 / 对比度"命令　　　　　　B. "色相 / 饱和度"命令

  C. "色阶"命令　　　　　　　　　　D. "色彩平衡"命令

4. 将曲线右上角的端点向左移动，可以（　　　）。

  A. 增加图像亮部的对比度，并使图像变暗

  B. 增加图像暗部的对比度，并使图像变暗

  C. 增加图像亮部的对比度，并使图像变亮

  D. 减小图像暗部的对比度，并使图像变亮

5. "曲线"命令是对图像的（　　　）进行调整。

  A. 色彩平衡　　　　　　　　　　　B. 亮度 / 对比度

  C. 色相　　　　　　　　　　　　　D. 饱和度

6. 可对图像中特定颜色进行修改的命令是（　　　）。

  A. "曲线"命令　　　　　　　　　　B. "亮度/对比度"命令

  C. "色阶"命令　　　　　　　　　　D. "色相/饱和度"命令

7. "色相 / 饱和度"命令可以修改图像的（　　　）。

  A. 明度　　　　　　B. 色相　　　　　　C. 饱和度　　　　　　D. 对比度

二、操作题

　　尝试将图3-94所示的"旧楼房.jpg"进行颜色调整，调整成复古效果的图片，调整效果如图3-95所示。

图3-94　旧楼房.jpg

图3-95　"旧楼房.jpg"调整后效果参考

单元 ④ 图形图像素材的合成

图形图像素材的合成主要依靠图层完成，图层是Photoshop最为核心的功能之一，它承载了几乎所有的编辑操作。如果没有图层，所有的图像都将处在同一个平面上，这对于图像的编辑简直是无法想象的。本单元将详细介绍图层的概念，"图层"面板的使用，图层的创建、复制、删除和选择等基本操作，以及图层的对齐与分布、图层组的管理方式等，还包括调整图层、添加图层样式、图层混合的应用等。

学习目标：

- 图层的基本操作
- 图层样式的操作
- 填充图层与调整图层
- 图层的混合模式
- 图层蒙版的应用

任务一 制作"猫咪乐园"宣传海报

使用Photoshop CC制作海报，其实是一个将图形图像素材进行合成的过程，在该过程中，需要了解Photoshop CC中图层的概念和基本操作。

任务描述

启动Photoshop CC软件，打开本书提供的素材文件，制作图4-1所示的海报，并分别保存为"猫咪乐园.psd"和"猫咪乐园.jpg"。

图4-1　"猫咪乐园"海报

任务实施

步骤1 打开背景图像，如图4-2所示。

步骤2 打开素材图片"猫咪.psd"，查看该图像的"图层"面板，可以看到每只猫咪都有一个独立的图层，如图4-3所示。

图4-2　打开背景素材　　　　　　　　　　图4-3　查看素材图层

步骤3 单击"图层显示标志"按钮隐藏背景图层，具体如图4-4所示。

步骤4 按【Ctrl+A】组合键全选，按【Shift+Ctrl+C】组合键进行合并可见图层复制操作，如图4-5所示。

图4-4　隐藏背景图层　　　　　　　　　　图4-5　合并复制

步骤5 按【Ctrl+V】组合键将猫咪素材粘贴到背景图像中，效果如图4-6所示。

图4-6　粘贴到背景中

步骤6 在"图层"面板中，选择套索工具，拖拉选中一只猫咪，按【Ctrl+Shift+J】组合键通过剪切图像将选中的猫咪新建为一个单独的图层，如图4-7所示；多次重复上述操作，将每一只猫咪都单独建立一个图层，效果如图4-8所示。

图4-7　将单个猫咪素材分离出来

4-8　分离猫咪

步骤7 在"图层"面板中，使用移动工具，选择每一只猫咪所在的图层，进行移动、缩放操作，最终效果如图4-9所示。

图4-9　移动、缩放猫咪素材

步骤8 在工具箱中选择文字工具，如图4-10所示。

步骤9 如图4-12所示，输入文字，设置字体大小、颜色，移动到合适的位置，在"图层"面板中添加图层样式"描边"，具体参数如图4-12所示。

图4-10　选择文字工具　　　　　　图4-11　输入文字并进行适当调整

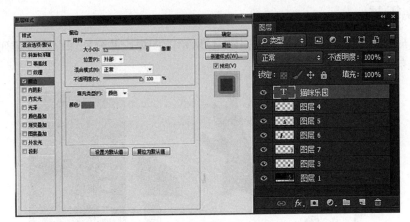

图4-12　添加图层样式"描边"

步骤10 继续添加图层样式"投影"，参数如图4-13所示。

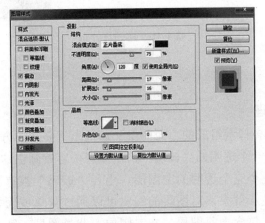

图4-13　添加图层样式"投影"

步骤11 设置完成之后，单击"确定"按钮，最终完成效果如图4-14所示。

图4-14 最终效果图

要选择某一个图层，也可以右击该图层承载的图像，在弹出的快捷菜单中选择自己想要选择的图层。

任务拓展

打开本书提供的猫咪素材文件，制作图4-15所示的图像，并分别保存为"排列与分布.psd"和"排列与分布.jpg"。

图4-15 排列与分布

相关知识

一、图层的概念及原理

每一个图层都是由许多像素组成的，而图层又通过上下叠加的方式组成整个图像。打个比喻，每一个图层就好似是一个透明的"玻璃"，而图层内容就画在这些"玻璃"上，如果"玻璃"什么都没有，这就是个完全透明的空图层，当各"玻璃"都有图像时，自上而下俯视所有图层，从而形成图像显示效果，对图层的编辑可以通过菜单或面板完成。"图层"被存放在"图层"面板中，其中包含当前图层、文字图层、背景图层、智能对象图层等。选择"窗口"→"图层"命令,打开"图层"面板,如图4-16所示。

图层与图层之间并不等于完全的白纸与白纸的重合,图层的工作原理类似于印刷上使用的一张张重叠在一起的醋酸纤纸,透过图层中透明或半透明区域,可以看到下一图层相应区域的内容,如图4-17所示。

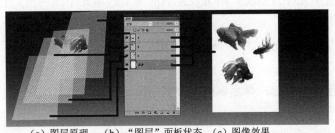

(a)图层原理 (b)"图层"面板状态 (c)图像效果

图4-16 "图层"面板 　　　　　　　　　图4-17 图层原理

各个图层中的对象都可以单独处理,而不会影响其他图层中的内容,图层可以移动,也可以调整堆叠顺序,除"背景"图层外,其他图层都可以调整不透明度,使图像内容变得透明,还可以修改混合模式,让上下图层之间产生特殊的混合效果,不透明度和混合模式可以反复调节,而不会损伤图像。还可以通过眼睛图标来切换图层的可视性。图层名称左侧的图像是该图层的缩览图,它显示了图层中包含的图像内容,缩览图中的棋盘格代表了图像的透明区域。如果隐藏所有图层,则整个文档窗口都会变为棋盘格。

二、认识"图层"面板

"图层"面板用于创建、编辑和管理图层,以及为图层添加样式.面板中列出了所有图层、图层组和图层效果,如图4-18所示。图4-19所示为"图层"面板菜单。

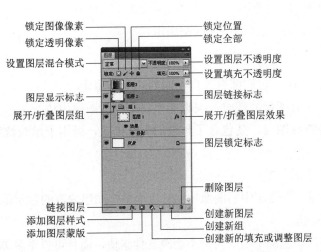

锁定图像像素
锁定透明像素
设置图层混合模式
图层显示标志
展开/折叠图层组
链接图层
添加图层样式
添加图层蒙版
锁定位置
锁定全部
设置图层不透明度
设置填充不透明度
图层链接标志
展开/折叠图层效果
图层锁定标志
删除图层
创建新图层
创建新组
创建新的填充或调整图层

图4-18 "图层"面板详解

图4-19 "图层"面板菜单

- 锁定按钮 图/✦🔒：用来锁定当前图层的属性，使其不可编辑，包括图像像素、透明像素和位置。
- 设置图层混合模式：用来设置当前图层的混合模式，使之与下面的图像产生混合。
- 设置图层不透明度：用来设置当前图层的不透明度，使之呈现透明状态，从而显示出下面图中的图像内容。
- 设置填充不透明度：用来设置当前图层的填充不透明度，它与图层不透明度类似，但不会影响图层效果。
- 图层显示标志：显示该标志的图层为可见图层，单击它可以隐藏图层。隐藏的图层不能编辑。
- 图层链接标志：显示该图标的多个图层为彼此链接的图层，它们可以一同移动或进行变换操作。
- 展开/折叠图层组：单击该图标可以展开或折叠图层组。
- 展开/折叠图层效果：单击该图标可以展开图层效果，显示出当前图层添加的所有效果的名称。再次单击可折叠图层效果。
- 图层锁定标志：显示该图标时，表示图层处于锁定状态。
- 链接图层：用来链接当前选择的多个图层。
- 添加图层样式：单击该按钮，在打开的下拉菜单中选择一个效果，可以为当前图层添加图层样式。
- 添加图层蒙版：单击该按钮，可以为当前图层添加图层蒙版。蒙版用于遮盖图像，但不会将其破坏。
- 创建新的填充或调整图层：单击该按钮，在打开的下拉菜单中可以选择创建新的填充图层或调整图层。
- 创建新组：单击该按钮可以创建一个图层组。
- 创建新图层：单击该按钮可以创建一个图层。
- 删除图层：单击该按钮可以删除当前选择的图层或图层组。

三、图层的类型

Photoshop中可以创建多种类型的图层，它们都有各自不同的功能和用途。

- 当前图层：当前选择的图层。在对图像处理时，编辑操作将在当前图层中进行。
- 中性色图层：填充了中性色的特殊图层，其包含了预设的混合模式，可用于承载滤镜或在上面绘画。
- 链接图层：保持链接状态的多个图层。
- 剪贴蒙版：蒙版的一种，可使用一个图层中的图像控制它上面多个图层内容的显示范围。
- 智能对象：包含有智能对象的图层。
- 调整图层：可以调整图像的亮度、色彩平衡等，但不会改变像素值，而且可以重复编辑。
- 填充图层：通过填充纯色、渐变或图案而创建的特殊效果图层。

- 图层蒙版图层：添加了图层蒙版的图层，蒙版可以控制图层中图像的显示范围。
- 矢量蒙版图层：带有矢量形状的蒙版图层。
- 图层样式：添加了图层样式的图层，通过图层样式可以快速创建特效，如投影、发光、浮雕效果等。
- 图层组：用来组织和管理图层，以便于查找和编辑图层，类似于Windows的文件夹。
- 变形文字图层：进行了变形处理后的文字图层。
- 文字图层：使用文字工具输入文字时创建的图层。
- 视频图层：包含有视频文件帧的图层。
- 3D图层：包含有置入的3D文件的图层。3D可以是由Adobe Acrobat 3D Version 8、3D Studio Max、Alias、Maya和Google Earth等程序创建的文件。
- 背景图层：新建文档时创建的图层，它始终位于面板的最下面，名称为"背景"二字，且为斜体。

四、创建图层

在Photoshop中创建图层的方法有很多种，包括在"图层"面板中创建、在编辑图像的过程中创建、使用命令创建等。下面学习图层的具体创建方法。

1. 在图层面板中创建图层

单击"图层"面板底部的"创建新图层"按钮 ，即可在当时图层上面新建一个图层，新建的图层会自动成为当前图层，如图4-20和图4-21所示。如果要在当前图层的下面新建图层，可以按住【Ctrl】键的同时单击"创建新图层"按钮 ，如图4-22所示。但"背景"图层下面不能创建图层。

图4-20　选择图层　　　　图4-21　在选择图层上方新建图层　　　　图4-22　在选择图层下方新建图层

2. 用"新建"命令创建图层

如果要在创建图层的同时设置图层的属性，如图层名称、颜色和混合模式等。选择"图层"→"新建"→"图层"命令，或按住【Alt】键单击"创建新图层"按钮，打开"新建图层"对话框进行设置，如图4-23和图4-24所示。

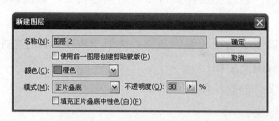

图4-23 "新建图层"对话框

图4-24 新建图层效果

3. 用"通过拷贝的图层"命令创建图层

在图像中创建选区，如图4-25所示；选择"图层"→"新建"→"通过拷贝的图层"命令，或按下【Ctrl+J】组合键，可以将选中的图像复制到一个新的图层中，原图层内容保持不变，如图4-26所示。如果没有创建选区，则执行该命令可以快速复制当前图层，如图4-27所示。

图4-25 打开素材图片并创建选区

图4-26 通过拷贝选区图像新建新图层

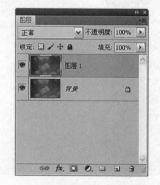

图4-27 复制整个图像新建新图层

4. 用"通过剪切的图层"命令创建图层

在图像中创建选区后，选择"图层"→"新建"→"通过剪切的图层"命令，或按【Shift+Ctrl+J】组合键，则可将选区内的图像从原图层中剪切到一个新的图层中，如图4-28所示。图4-29所示为移开图像后的效果。

图4-28 通过剪切选区图像新建新图层　　　图4-29 通过剪切选区图像新建新图层效果展示

5. 创建背景图层

新建文档时，使用白色或背景色作为背景内容，"图层"面板最下面的图层便是"背景"图层，如图4-30所示。使用透明作为背景内容时，是没有"背景"图层的。

图4-30 创建背景图层

删除"背景"图层或文档中没有"背景"图层时，可选择一个图层，如图4-31所示；选择"图层"→"新建"→"背景图层"命令，将其转换为"背景"图层，如图4-32所示。

图4-31 选择图层　　　　　图4-32 新建背景图层

6. 将背景图层转换为普通图层

"背景"图层是一个比较特别的图层，它永远在"图层"面板的底层，不能调整堆叠顺序，并且不能设置不透明度、混合模式，也不能添加效果。要进行这些操作，需要先将"背景"图层转换为普通图层。

双击"背景"图层，打开"新建图层"对话框，输入名称，也可以使用默认的名称，然后单击"确定"按钮，即可将其转换为普通图层，如图4-33和图4-34所示。

图4-33　"新建图层"对话框　　　　图4-34　背景图层转化为普通图层

"背景"图层可以用绘画工具、滤镜等编辑，一个图像中可以没有"背景"图层，但最多只能有一个"背景"图层，按住【Alt】键双击"背景"图层，可以不必打开对话框而直接将其转换为普通图层。

7.编辑图像时创建图层

创建选区以后，按【Ctrl+C】组合键复制选中的图像，粘贴（按【Ctrl+V】组合键）时，可以创建一个新的图层；如果打开了多个文件，则使用移动工具将一个图层拖至另外的图像中，可以将其复制到目标图像，同时创建一个新的图层。

五、编辑图层

1.选择图层

• 选择一个图层：单击"图层"面板中的一个图层即可选择该图层，它会成为当前图层。

• 选择多个图层：如果要选择多个相邻的图层，可以单击第一个图层，然后按住【Shift】键的同时单击最后一个图层，如图4-35所示，如果要选择多个不相邻的图层，可按住【Ctrl】键的同时单击这些图层，如图4-36所示。

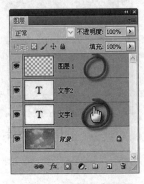

图4-35　选择相邻图层　　　　图4-36　选择不相邻图层

• 选择所有图层：要选择所有图层，选择"选择"→"所有图层"命令。

• 选择相似图层：要选择所有相似类型的图层（如所有文字图层），选择其中一个图层，然后选择"选择"→"相似图层"命令。

• 选择链接图层：选择一个链接图层，然后选择"图层"→"选择链接图层"命令，可以选择与之链接的所有图层。

• 取消选择图层：要取消选择某个图层，可按住【Ctrl】键的同时单击该图层。要取消选择任何图层，可单击"图层"面板中的背景图层或底部图层下方，或者选择"选择"→"取消选择图层"命令。

2.复制图层

在"图层"面板中，将需要复制的图层拖动到"创建新图层"按钮上，即可复制该图层，如图4-37和图4-38所示。也可以通过菜单命令复制图层，选择一个图层，选择"图层"→"复制图层"命令，打开"复制图层"对话框，输入图层名称并设置选项，单击"确定"按钮即可复制该图层，如图4-39和图4-40所示。

图4-37　复制图层

图4-38　复制图层效果

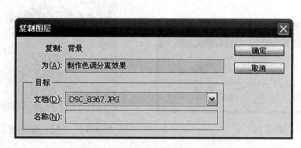
图4-39　"复制图层"对话框

图4-40　效果

• 为：可输入图层的名称。

• 文档：在下拉列表中选择其他打开的文档，可以将图层复制到该文档中。如果选择"新建"，则可以设置文档的名称，将图层内容创建为一个新文件。

3. 链接图层

如果要同时处理多个图层中的内容，例如，同时移动、应用变换或者创建剪贴蒙版，可以将这些图层链接在一起。

在"图层"面板中选择两个或多个图层，单击"链接图层"按钮，或选择"图层"→"链接图层"命令，即可将它们链接，如图4-41所示。如果要取消链接，可以选择一个链接图层，然后单击"链接图层"按钮。

4. 修改图层的名称与颜色

在图层数量较多的文档中，可以为一些重要的图层设置容易识别的名称或可以区别于其他图层的颜色，以便在操作中可以快速找到它们。

如果要修改一个图层的名称，可以在"图层"面板中双击该图层名称，然后在显示的文本框中输入新名称，如图4-42所示。

图4-41 链接图层　　　　图 4-42 修改图层名称

如果要修改图层的颜色，可以选择该图层，然后选择"图层"→"图层属性"命令，打开"图层属性"对话框，在其中选择颜色，如图4-43和图4-44所示。

图4-43 "图层属性"对话框　　　　图4-44 修改属性效果

5. 显示与隐藏图层

图层缩览图前面的眼睛图标 用来控制图层的可见性。有该图标的图层为可见图层；无该图标的图层为隐藏的图层。单击一个图层前面的眼睛图标，可以隐藏该图层，如图4-45所示。如果要重新显示图层，可在原眼睛图标处单击。

图4-45　隐藏可见图层

将光标放在一个图层的眼睛图标上，单击并在眼睛图标列拖动鼠标，可以快速隐藏（或显示）多个相邻的图层，如图4-46所示。

图4-46　快速隐藏图层

选择"图层"→"隐藏图层"命令，可以隐藏当前选择的图层，如果选择了多个图层，则执行该命令可以隐藏所有被选择的图层。

按住【Alt】键的同时单击一个图层的眼睛图标，可以将除该图层外的其他图层隐藏；按住【Alt】键再次单击同一眼睛图标，可恢复其他图层的可见性。

6. 锁定图层

"图层"面板中提供了用于保护图层透明区域、图像像素和位置等属性的锁定功能，如图4-47所示。可以根据需要完全锁定或部分锁定图层，以免因编辑操作失误而对图层的内容造成修改。

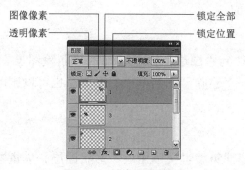

图4-47　锁定图层按钮

• 锁定透明像素：按下该按钮后，可以将编辑范围限定在图层的不透明区域，图层的透明区域会受到保护。例如，如图4-48所示为锁定透明像素后，使用画笔工具涂抹图像时的效果，可以看到，头像之外的透明区域不会受到影响。

图4-48　锁定透明像素效果

• 锁定图像像素：按下该按钮后，只能对图层进行移动和变换操作，不能在图层上绘画、擦除或应用滤镜。图4-49所示为使用画笔工具涂抹图像时弹出的提示信息。

图4-49　锁定图像像素效果

• 锁定位置：按下该按钮后，图层不能移动。对于设置了精确位置的图像，将它的位置锁定后就不必担心被意外移动了。

• 锁定全部：按下该按钮，可以锁定以上全部选项。

当图层只有部分属性被锁定时，图层名称右侧会出现一个空心的锁状图标；当所有属性都被锁定时，锁状图标是实心的。

7. 删除图层

将需要删除的图层拖动到"图层"面板底部的"删除图层"按钮 🗑 上，即可删除该图层。此外，选择"图层"→"删除"子菜单中的命令，也可以删除当前图层或面板中隐藏的图层，如图4-50所示。

8. 栅格化图层内容

如果要使用绘画工具和滤镜编辑文字图层、形状图层、矢量蒙版或智能对象等包含矢量数据的图层，需要先将其栅格化，使图层中的内容转换为光栅图像，然后才能够进行相应的编辑。

选择需要栅格化的图层，选择"图层"→"栅格化"子菜单中的命令即可栅格化图层中的内容，如图4-51所示。

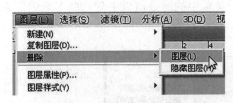
图4-50　删除图层命令

图4-51　栅格化图层命令

• 文字：栅格化文字图层，使文字变为光栅图像。栅格化以后，文字内容不能再修改。图4-52所示为原文字图层，图4-53所示为栅格化后的图层。

图4-52　原文字图层

图4-53　栅格化文字图层

• 形状/填充内容/矢量蒙版：执行"形状"命令，可以栅格化形状图层；执行"填充内容"命令，可以栅格化形状图层的填充内容，但保留矢量蒙版；执行"矢量蒙版"命令，可以栅格化形状图层的矢量蒙版，同时将其转换为图层蒙版。图4-54所示为原形状图层以及执行不同栅格化命令后的图层状态。

（a）原图层

（b）栅格化形状

（c）栅格化填充内容

（d）栅格化失量蒙版

图4-54　栅格化形状图层的不同效果

• 智能对象：栅格化智能对象，使其转换为像素。

• 视频：栅格化视频图层，选定的图层将拼合到"动画"面板中选定的当前帧的复合中。

• 3D：栅格化3D图层。

• 图层/所有图层：执行"图层"命令，可以栅格化当前选择的图层；执行"所有图层"命令，可以栅格化包含矢量数据、智能对象和生成的数据的所有图层。

9.清除图像的杂边

当移动或粘贴选区时，选区边框周围的一些像素也会包含在选区内，因此，粘贴选区的边缘会产生边缘或晕圈。选择"图层"→"修边"子菜单中的命令可以去除这些多余的像素，如图4-55所示。

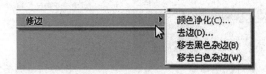

图4-55　清除杂边命令

· 颜色净化：去除彩色杂边。

· 去边：用包含纯色（不含背景色的颜色）的邻近像素的颜色替换任何边缘像素的颜色。例如，如果在蓝色背景上选择黄色对象，然后移动选区，则一些蓝色背景被选中并随着对象一起移动，"去边"命令可以用黄色像素替换蓝色像素。

· 移去黑色杂边：如果将黑色背景上创建的消除锯齿的选区粘贴到其他颜色的背景上，可执行该命令消除黑色杂边。

· 移去白色杂边：如果将白色背景上创建的消除锯齿的选区粘贴到其他颜色的背景中，可执行该命令消除白色杂边。

六、排列与分布图层

"图层"面板中的图层是按照创建的先后顺序堆叠排列的，可以重新调整图层的堆叠顺序，也可以选择多个图层，将它们对齐，或者按照相同的间距分布。

1.调整图层的堆叠顺序

（1）在"图层"面板中改变顺序

在"图层"面板中，图层是按照创建的先后顺序堆叠排列的。将一个图层拖动到另外一个图层的上面（或下面），即可调整图层的堆叠顺序。改变图层顺序会影响图像的显示效果，如图4-56和图4-57所示。

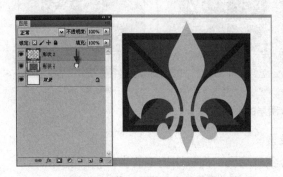

图4-56　拖动图层改变其堆叠顺序

图4-57　改变图层顺序后的效果

（2）通过"排列"命令改变顺序

选择一个图层，选择"图层"→"排列"子菜单中的命令，也可以调整图层的堆叠顺序，如图4-58所示。

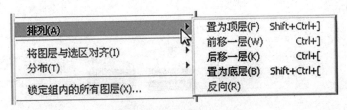

图4-58　排列菜单命令

- 置为顶层：将所选图层调整到最顶层。
- 前移一层/后移一层：将选择的图层向上或向下移动一个堆叠顺序。
- 置为底层：将所选图层调整到底层。
- 反向：在"图层"面板中选择多个图层以后，执行该命令，可以反转所选图层的堆叠顺序。

如果选择的图层位于图层组中，执行"置为顶层"和"置为底层"命令时，可以将图层调整到当前图层组的顶层或底层。

2. 对齐图层

如果要将多个图层中的图像内容对齐，可在"图层"面板中选择它们，然后选择"图层"→"对齐"子菜单中的一个对齐命令进行对齐操作。如果所选图层与其他图层链接，则可以对齐与之链接的所有图层。

按【Ctrl+O】组合键，打开一个文件，如图4-59所示。按住【Ctrl】键的同时单击"图层1""图层2"和"图层3"，将它们选择。

选择"图层"→"对齐"→"顶边"命令可以将选定图层顶端像素与所有选定图层顶端的像素对齐，如图4-60所示。

图4-59　打开素材图片　　　　　　　　图4-60　顶边对齐效果

如果执行"垂直居中"命令，可以将每个选定图层上的垂直中心像素与所有选定图层的垂直中心像素对齐；执行"底边"命令，可以将选定图层上的底端像素与选定图层底端的像素对齐。

执行"左边"命令，可以将选定图层上左端像素与最左端图层的左端像素对齐，执行"右边"命令，可以将选定图层上的右端像素与所有选定图层上的最右端像素对齐。

执行"水平居中"命令，可以将选定图层上的水平中心像素与所有选定图层的水平中心像素对齐，如图4-61所示。

图4-61　对齐结果

3. 分布图层

如果要让三个或更多的图层采用一定的规律均匀分布，可以选择这些图层，然后选择"图层"→"分布"子菜单中的命令进行操作。

打开一个文件，如图4-62所示，选择四个图层。选择"图层"→"分布"→"顶边"命令，可以从每个图层的顶端像素开始，间隔均匀地分布图层，如图4-63所示。

图4-62　打开素材图片　　　　图4-63　顶边分布效果

选择"图层"→"分布"→"水平居中"命令，可以从每个图层的水平中心开始，间隔均匀地分布图层，执行"垂直居中"命令，可以从每个图层的垂直中心像素开始，间隔均匀地分布图层；执行"底边"命令，可以从每个图层的底端像素开始，间隔均匀地分布图层；执行"左边"命令，可以从每个图层的左端像素开始，间隔均匀地分布图层；执行"右边"命令，可以从每个图层的右端像素开始，间隔均匀地分布图层。

七、合并与盖印图层

图层、图层组和图层样式等都会占用计算机的内存和暂存盘，因此，以上内容的数量越多，占用的系统资源也就越多，从而导致计算机的运行速度变慢。将相同属性的图层合并，或者将没有用处的图层删除都可以减小文件的大小。此外，对于复杂的图像文件，图层数量变少以后，既便于管理，也可以快速找到需要的图层。

1. 合并图层

如果要合并两个或多个图层，可以在"图层"面板中将它们选择，然后选择"图层"→"合并图层"命令，合并后的图层使用上面图层的名称，如图4-64和图4-65所示。

图4-64　选择多个图层　　　　图4-65　合并图层效果

2. 向下合并图层

如果想要将一个图层与它下面的图层合并，可以选择该图层，然后选择"图层"→"向下合并"命令，或按【Ctrl+E】组合键，合并后的图层使用下面图层的名称，如图4-66和图4-67所示。

图4-66　选择要进行向下合并的图层　　图4-67　向下合并图层效果

3. 合并可见图层

如果想要合并所有可见图层，可选择"图层"→"合并可见图层"命令，或按【Shift+Ctrl+E】组合键，它们会合并到背景图层中。

4. 拼合图像

如果要将所有图层都拼合到"背景"图层中，可以选择"图层"→"拼合图像"命令。如果有隐藏的图层，则会弹出一个提示，询问是否删除隐藏的图层。

5. 盖印图层

盖印是一种特殊的合并图层的方法，它可以将多个图层中的图像内容合并到一个新的图层中，同时保持其他图层完好无损。如果想要得到某些图层的合并效果，而又要保持原图层完整时，盖印图层是最佳的解决办法。

- 向下盖印：选择一个图层，如图4-68所示，按【Ctrl+Alt+E】组合键，可将该图层中的图像盖印到下面的图层中，原图层内容保持不变，如图4-69所示。

图4-68 选择图层

图4-69 盖印图层

• 盖印多个图层：选择多个图层，如图4-70所示，按【Ctrl+Alt+E】组合键，可将它们盖印到一个新的图层中，原有图层内容保持不变，如图4-71所示。

图4-70 选择多个图层

图4-71 盖印选择的图层

• 盖印可见图层：按【Shift+Ctrl+Alt+E】组合键，可将所有可见图层中的图像盖印到一个新的图层中，原有图层内容保持不变。

• 盖印图层组：选择图层组，按【Ctrl+Alt+E】组合键，可将组中的所有图层内容盖印到一个新的图层中，原组及组中的图层内容保持不变。

八、用图层组管理图层

随着图像编辑的深入，图层的数量会越来越多，要在众多的图层中找到需要的图层，将会是很烦琐的一件事。

如果使用图层组来组织和管理图层，就可以使"图层"面板中的图层结构更加清晰，也便于查找需要的图层。图层组就类似于文件夹，可以将图层按照类别放在不同的组内，当关闭图层组后，在"图层"面板中就只显示图层组的名称。图层组可以像普通图层一样移动、复制、链接、对齐和分布，也可以合并，以减小文件的大小。

1. 创建图层组

（1）在"图层"面板中创建图层组

单击"图层"面板底部的"创建新组"按钮，可以创建一个空的图层组，如图4-72所示。此后单击"创建图层"按钮创建的图层将位于该组中，如图4-73所示。

图4-72　创建图层组　　　　图4-73　创建图层

（2）通过命令创建图层组

如果要在创建图层组时，设置组的名称、颜色、混合模式、不透明度等属性，可选择"图层"→"新建"→"组"命令，打开"新建组"对话框，按图4-74所示进行设置。

图4-74　"新建组"对话框

图层组的默认模式为"穿透"，它表示图层组不产生混合效果。如果选择其他模式，则组中的图层将以该组的混合模式与下面的图层混合。关于混合模式的用途和效果，可参阅"混合模式"部分。

2. 从所选图层创建图层组

如果要将多个图层创建在一个图层组内，可以选择这些图层，然后选择"图层"→"图层编组"命令，或按【Ctrl+G】组合键，如图4-75所示。编组之后，可以单击组前面的三角图标关闭或者重新展开图层组。

3. 创建嵌套结构的图层组

创建图层组以后，在图层组内还可以继续创建新的图层组，如图4-76所示。这种多级结构的图层组称为嵌套图层组。

图4-75　编组效果图　　　　图4-76　创建嵌套图层组

4. 将图层移入或移出图层组

将一个图层拖入图层组内，可将其添加到图层组中，如图4-77和图4-78所示；将图层组中的图层拖出组外，可将其从图层组中移出，如图4-79所示。

图4-77　添加图层到图层组　　　　图4-78　选择图层组中的图层

图4-79　移出图层组及效果

5. 取消图层编组

如果要取消图层编组，但保留图层，可以选择该图层组，然后选择"图层"→"取消图层编组"命令，或按【Shift+Ctrl+G】组合键。如果要删除图层组及组中的图层，可以将图层组拖动到"图层"面板底部的"删除图层"按钮上。

任务二　制作水滴效果

图层样式又称图层效果，它是用于制作纹理和质感的重要功能，可以为图层中的图像内容添加如投影、发光、浮雕、描边等效果，创建具有真实质感的水晶、玻璃、金属和立体特效。图层样式可以随时修改、隐藏或删除，具有非常强的灵活性。此外，使用系统预设的样式，或者载入外部样式，只需轻点鼠标，便可将效果应用于图像。

🖥️ 任务描述

启动Photoshop CC软件，打开本书提供的素材文件，制作图4-80所示的水滴效果，并分别保存为"水滴效果.psd"和"水滴效果.jpg"。

图4-80　水滴效果

📋 任务实施

步骤 1 打开"制作真实水滴素材.jpg"图片，选择椭圆选框工具在画面中绘制一个椭圆形选区，如图4-81所示。

步骤 2 按住【Shift】键绘制多个椭圆形选区，并在选区中继续按住【Shift】键不放，绘制出不一样的椭圆形选区，如图4-82所示。

图4-81　新建选区

图4-82　新建多个椭圆形选区

步骤 3 新建"图层1"，填充选区为黑色，如图4-83所示，然后在"图层"面板中设置填充值为0%，如图4-84所示。

图4-83　新建图层，将选区填充为黑色

图4-84　更改图层1的填充不透明度

步骤4 单击"图层"面板下方的"添加图层样式"按钮 *fx.*，在下拉菜单中选择"投影"命令，如图4-85所示，打开"图层样式"对话框。

图4-85 添加投影样式

步骤5 在打开的对话框中，设置投影颜色为深红色（#7b0c0c），其余参数如图4-86所示。

步骤6 选中"内阴影"复选框，设置投影颜色为黑色，其余参数设置如图4-87所示。

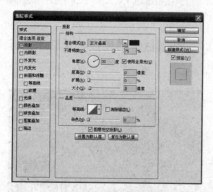

图4-86 投影参数设置

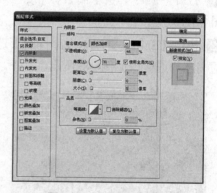

图4-87 内阴影参数设置

步骤7 分别选中"内发光"和"斜面和浮雕"复选框，设置内发光颜色为黑色，其余参数如图4-88所示，然后设置浮雕参数，如图4-88所示。

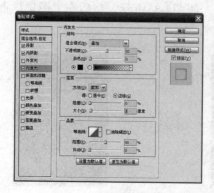

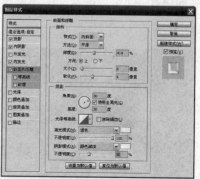

图4-88 内发光、斜面和浮雕参数设置

步骤8 单击"确定"按钮回到画面中，得到水滴效果，如图4-89所示。

图4-89 最终效果图

 小技巧

图层样式效果可以进行复制，并可以在不同图层上粘贴图层样式效果。

任务拓展

打开本书提供的素材文件，制作图4-90所示的水滴效果图像，并分别保存为"花朵水滴.psd"和"花朵水滴.jpg"。

图4-90 花朵水滴

相关知识

一、添加图层样式

如果要为图层添加样式，可以先选择这一图层，然后采用下面任意一种方法打开"图层样式"对话框，进行效果的设定。

• 选择"图层"→"图层样式"子菜单中的一个效果命令，如图4-91所示，打开"图层样式"对话框，并进入到相应效果的设置面板。

• 单击"图层"面板底部的"添加图层样式"按钮 **fx**，在打开的下拉菜单中选择一个效果命令，如图4-92所示，打开"图层样式"对话框并进入到相应效果的设置面板。

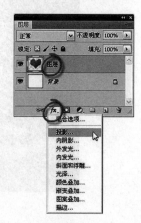

图4-91 "图层样式"子菜单   图4-92 单击"添加图层样式"按钮添加样式

• 双击需要添加效果的图层，打开"图层样式"对话框，在左侧选择要添加的效果，即可切换到该效果的设置面板。

二、"图层样式"对话框

"图层样式"对话框左侧列出了10种效果，勾选效果名称前面的复选框，表示在图层中添加了该效果。取消勾选一个效果前面的"√"标记，则可停用该效果，但保留效果参数。

在对话框中设置效果参数以后，单击"确定"按钮即可为图层添加效果，该图层会显示出一个图层样式图标 **fx** 和一个效果列表，如图4-93所示。单击▲按钮可折叠或展开效果列表。

图4-93 折叠或展开效果列表

1. 混合选项

在"图层样式"对话框中，"混合选项"用于设定混合模式、不透明度、挖空、高级蒙版，以及其他与蒙版有关的内容。具体使用方法可参阅"蒙版"相关内容。

2. 投影

　　"投影"效果可以为图层内容添加投影，使其产生立体感。图4-94所示为原图像，图4-95所示为添加投影后的图像效果，图4-96所示为投影参数。

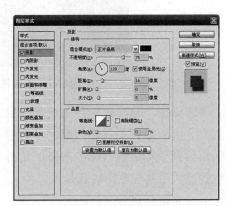

图4-94　原图像　　图4-95　添加投影后的图像效果　　　　　　图4-96　投影参数

各选项的含义：

　　• 混合模式：用来设置投影与下面图层的混合方式，默认为"正片叠底"模式。

　　• 投影颜色：单击"混合模式"选项右侧的颜色块，可在打开的"拾色器"中设置投影颜色。

　　• 不透明度：拖动滑块或输入数值可以调整投影的不透明度，该值越低，投影越淡。

　　• 角度：用来设置投影应用于图层时的光照角度，可在文本框中输入数值，也可以拖动圆形内的指针进行调整。指针指向的方向为光源方向，相反方向为投影方向。

　　• 使用全局光：可保持所有光照的角度一致。取消勾选时可以为不同的图层分别设置光照角度。

　　• 距离：用来设置投影偏移图层内容的距离，该值越高，投影越远。也可以将光标放在文档窗口的投影上（光标会变为移动工具），单击并拖动鼠标直接调整投影的距离和角度。

　　• 大小/扩展："大小"用来设置投影的模糊范围，该值越高，模糊范围越广，该值越小，投影越清晰。"扩展"用来设置投影的扩展范围，该值会受到"大小"选项的影响。例如，将"大小"设置为0像素以后，无论怎样调整"扩展"值，都生成与原图像大小相同的投影。

　　• 等高线：使用等高线可以控制投影的形状。

　　• 消除锯齿：混合等高线边缘的像素，使投影更加平滑。该选项对于尺寸小且具有复杂等高线的投影最有用。

　　• 杂色：在投影中添加杂色，该值较高时，投影会变为点状。

　　• 图层挖空投影：用来控制半透明图层中投影的可见性。选择该选项后，如果该图层中的填充不透明度小于100%，则半透明图层中的阴影不可见。

3. 内阴影

　　"内阴影"效果可以在紧靠图层内容的边缘内添加阴影，使图层内容产生凹陷效果，图4-97所示为原图像，图4-98所示为添加内阴影后的图像效果。

图4-97　原图像　　　　　图4-98　添加内阴影后的图像效果

"内阴影"与"投影"的选项设置方式基本相同。它们的不同之处在于："投影"是通过"扩展"选项来控制投影边缘的渐变程度的，而"内阴影"则通过"阻塞"选项来控制。"阻塞"可以在模糊之前收缩内阴影的边界。"阻塞"与"大小"选项相关联，"大小"值越高，可设置的"阻塞"范围也就越大。

4. 外发光

"外发光"效果可以沿图层内容的边缘向外创建发光效果。图4-99所示为原图像，图4-100所示为添加外发光后的图像效果，图4-101所示为外发光参数选项。

图4-99　原图像　　　图4-100　添加外发光后的图像效果　　　图4-101　外发光参数

各选项的含义：

• 混合模式/不透明度："混合模式"用来设置发光效果与下面图层的混合方式；"不透明度"用来设置发光效果的不透明度，该值越低，发光效果越弱。

• 杂色：可以在发光效果中添加随机的杂色，使光晕呈现颗粒感。

• 发光颜色："杂色"选项下面的颜色块和颜色条用来设置发光颜色。如果要创建单色发光，可单击左侧的颜色块，在打开的"拾色器"中设置发光颜色；如果要创建渐变发光，可单击右侧的渐变条，在打开的"渐变编辑器"中设置渐变颜色

• 方法：用来设置发光的方法，以控制发光的准确程度。选择"柔和"，可以对发光应用模糊，得到柔和的边缘；选择"精确"，则得到精确的边缘。

• 扩展/大小："扩展"用来设置发光范围的大小；"大小"用来设置光晕范围的大小。

5. 内发光

"内发光"效果可以沿图层内容的边缘向内创建发光效果。图4-102所示为原图像，图4-103所示为添加内发光后的图像效果。"内发光"效果中除了"源"和"阻塞"外，其他大部分选项都与"外发光"效果相同。

　　　　图4-102　原图像　　　　　　　图4-103　添加内发光后的图像效果

• 源：用来控制发光光源的位置。选择"居中"，表示应用从图层内容的中心发出的光，此时如果增加"大小"值，发光效果会向图像的中央收缩；选择"边缘"，表示应用从图层内容的内部边缘发出的光，此时如果增加"大小"值，发光效果会向图像的中央扩展。

6. 斜面和浮雕

"斜面和浮雕"效果可以对图层添加高光与阴影的各种组合，使图层内容呈现立体的浮雕效果。图4-104所示为原图像，图4-105所示为添加该效果后的图像，图4-106所示为斜面和浮雕参数选项。

　　　　　　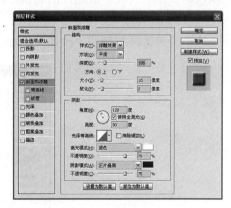

　图4-104　原图像　　图4-105　添加斜面和浮雕后的图像效果　　　　图4-106　斜面和浮雕参数

各选项的含义：

• 样式：在该选项下拉列表中可以选择斜面和浮雕的样式。选择"外斜面"，可在图层内容的外侧边缘创建斜面；选择"内斜面"，可在图层内容的内侧边缘创建斜面；选择"浮雕效果"，可模拟使图层内容相对于下层图层呈浮雕状的效果；选择"枕状浮雕"，可模拟图层内容的边缘压入下层图层中产生的效果；选择"描边浮雕"，可将浮雕应用于图层的描边效果的边界。

• 方法：用来选择一种创建浮雕的方法。选择"平滑"，能够稍微模糊杂边的边缘，它可用于所有类型的杂边，不论其边缘是柔和还是清晰，该技术不保留大尺寸的细节特征；"雕刻清晰"使用距离测量技术，主要用于消除锯齿形状（如文字）的硬边杂边，它保留细节特征的能力优于"平滑"技术；"雕刻柔和"使用经过修改的距离测量技术，虽然不如"雕刻清晰"精确，但对较大范围的杂边更有用，它保留特征的能力优于"平滑"技术。

• 深度：用来设置浮雕斜面的应用深度，该值越高。浮雕的立体感越强。

• 方向：定位光源角度后，可通过该选项设置高光和阴影的位置。例如，将光源角度设置为90°后，选择"上"，高光位于上面；选择"下"，高光位于下面。

• 大小：用来设置斜面和浮雕中阴影面积的大小。

• 软化：用来设置斜面和浮雕的柔和程度，该值越高，效果越柔和。

• 角度/高度："角度"选项用来设置光源的照射角度。"高度"选项用来设置光源的高度，需要调整这两个参数时，可以在相应的文本框中输入数值，也可以拖动圆形图标内的指针进行操作。如果勾选"使用全局光"复选框，则所有浮雕样式的光照角度可以保持一致。

• 光泽等高线：可以选择一个等高线样式，为斜面和浮雕表面添加光泽，创建具有光泽感的金属外观浮雕效果。

• 消除锯齿：以消除由于设置了光泽等高线而产生的锯齿。

• 高光模式：用来设置高光的混合模式、颜色和不透明度。

• 阴影模式：用来设置阴影的混合模式、颜色和不透明度。

（1）设置等高线

单击对话框左侧的"等高线"选项，可以切换到"等高线"设置面板，使用"等高线"可以勾画在浮雕处理中被遮住的起伏、凹陷和凸起。

（2）设置纹理

单击对话框左侧的"纹理"选项，可以切换到"纹理"设置面板，如图4-107所示。

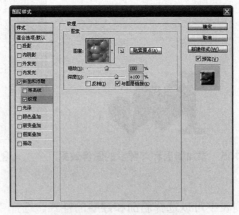

图4-107　设置纹理面板

各选项的含义：

• 图案：单击图案右侧的下拉按钮，可以在打开的下拉面板中选择一个图案，将其应用到斜面和浮雕上。

• 从当前图案创建新的预设：单击该按钮，可以将当前设置的图案创建为一个新的预设图案，新图案会保存在"图案"下拉面板中。

- 缩放：拖动滑块或输入数值可以调整图案的大小。
- 深度：用来设置图案的纹理应用程度。
- 反相：勾选该项，可以反转图案纹理的凹凸方向。
- 与图层链接：勾选该选项可以将图案链接到图层，此时对图层进行变换操作时，图案也会一同变换。在该选项处于勾选状态时，单击"贴紧原点"按钮，可以将图案的原点对齐到文档的原点。如果取消选择该选项，则单击"贴紧原点"按钮时，可以将原点放在图层的左上角。

7. 光泽

"光泽"效果可以应用光滑光泽的内部阴影，通常用来创建金属表面的光泽外观。该效果没有特别的选项，但可以通过选择不同的"等高线"来改变光泽的样式。图4-108所示为原图像，图4-109所示为添加光泽后的图像效果。

图4-108　原图像　　　　　图4-109　添加光泽后的图像效果

8. 颜色叠加

"颜色叠加"效果可以在图层上叠加指定的颜色，通过设置颜色的混合模式和不透明度，可以控制叠加效果，图4-110所示为原图像，图4-111所示为添加该效果后的图像。

图4-110　原图像　　　　　图4-111　添加颜色叠加后的图像效果

9. 渐变叠加

"渐变叠加"效果可以在图层上叠加指定的渐变颜色。

10. 图案叠加

"图案叠加"效果可以在图层上叠加指定的图案，并且可以缩放图案、设置图案的不透明度和混合模式。

11. 描边

"描边"效果可以使用颜色、渐变或图案描画对象的轮廓，它对于硬边形状，如文字等特别有用。图4-112所示为原图像，图4-113所示为添加描边后的图像效果。

图4-112　原图像　　　　　　　　　图4-113　添加描边后的图像效果

三、编辑图层样式

图层样式是非常灵活的功能，用户可以随时修改效果的参数，隐藏效果，或者删除效果，这些操作都不会对图层中的图像造成任何破坏。

1. 显示与隐藏效果

在"图层"面板中，效果前面的眼睛图标👁用来控制效果的可见性，如果要隐藏一个效果，可单击该效果名称前的眼睛图标👁；如果要隐藏一个图层中的所有效果，可单击该图层效果前的眼睛图标👁。

如果要隐藏文档中所有图层的效果，可以选择"图层"→"图层样式"→"隐藏所有效果"命令。隐藏效果后，在原眼睛图标处单击，可以重新显示效果。

2. 修改效果

在"图层"面板中，双击一个效果的名称，可打开"图层样式"对话框并进入该效果的设置面板，此时可以修改效果的参数，也可以在左侧列表中选择新效果。设置完成后，单击"确定"按钮，可以将修改后的效果应用于图像。

3. 复制、粘贴与清除效果

选择添加了图层样式的图层，选择"图层"→"图层样式"→"拷贝图层样式"命令复制效果，选择其他图层，选择"图层"→"图层样式"→"粘贴图层样式"命令，可以将效果粘贴到该图层中。

此外，按住【Alt】键将效果图标 *fx* 从一个图层拖动到另一个图层，可以将该图层的所有效果都复制到目标图层，如图4-114所示；如果只需要复制一个效果，可按住【Alt】键拖动该效果的名称至目标图层，如果没有按住【Alt】键，则可以将效果转移到目标图层，原图层不再有效果。

图4-114　将图层的所有效果都复制到目标图层

如果要删除一种效果，可以将它拖动到"图层"面板底部的"删除"按钮📄上。

如果要删除一个图层的所有效果，可以将效果图标*fx*拖动到"删除"按钮上，也可以选择图层，然后选择"图层"→"图层样式"→"清除图层样式"命令进行操作。

4.使用样式面板

"样式"面板用来保存、管理和应用图层样式。也可以将Photoshop提供的预设样式，或者外部样式库载入到该面板中使用。

（1）样式面板

"样式"面板中包含Photoshop提供的各种预设的图层样式，图4-115所示为"样式"面板。选择一个图层，如图4-116所示，单击"样式"面板中的一个样式，即可为它添加该样式，如图4-117所示。

图4-115 样式面板

图4-116 打开素材图片

图4-117 添加样式后的效果

（2）创建与删除样式

在"图层样式"对话框中为图层添加了一种或多种效果后，可以将该样式保存到"样式"面板中，方便以后使用。

如果要将效果创建为样式，可以在"图层"面板中选择添加了效果的图层，然后单击"样式"面板中的"创建新样式"按钮🔲，打开图4-118所示的对话框，设置选项并单击"确定"按钮即可创建样式。

各选项的含义：

• 名称：用来设置样式的名称。

• 包含图层效果：勾选该复选框，可以将当前的图层效果设置为样式。

• 包含图层混合选项：如果当前图层设置了混合模式，勾选该复选框，新建的样式将具有这种混合模式。

（3）删除样式

将"样式"面板中的一个样式拖动到"删除样式"按钮 🗑 上，即可将其删除。此外，按住【Alt】键单击一个样式，则可直接将其删除。

（4）存储样式库

如果在"样式"面板中创建了大量的自定义样式，可以将这些样式保存为一个独立的样式库，选择"样式"面板菜单中的"存储样式"命令，打开"存储"对话框，如图4-119所示，输入样式库名称和保存位置，单击"确定"按钮，即可将面板中的样式保存为一个样式库。如果将自定义的样式库保存在Photoshop程序文件夹的Presets/Styles文件夹中，则重新运行Photoshop后，该样式库的名称会出现在"样式"面板菜单的底部。

图4-118 "新建样式"对话框

图4-119 "存储"对话框

（5）载入样式库

除了"样式"面板中显示的样式外，Photoshop还提供了其他样式，它们按照不同的类型放在不同的库中。例如，Web样式库中包含了用于创建Web按钮的样式，"文字效果"样式库中包含了向文本添加效果的样式。要使用这些样式，需要将它们载入到"样式"面板中。

打开"样式"面板菜单，选择一个样式库，弹出图4-120所示的对话框，单击"确定"按钮，可载入样式并替换面板中的样式；单击"追加"按钮，可以将样式添加到面板中；单击"取消"按钮，则取消载入样式的操作。

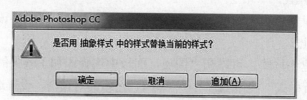

图4-120 图层混合模式制作创意海报

任务三 图层混合模式制作创意海报

混合模式是Photoshop的核心功能之一，它决定了像素的混合方式，可用于合成图像、制作选区和特殊效果，但不会对图像造成任何实质性的破坏。

任务描述

本任务将制作一个创意性比较强的海报，主要练习图层混合模式。通过练习使读者能进一步掌握这些功能在实际应用中的使用技巧。

任务实施

步骤1 打开素材图片，文件名为"海星素材"。

步骤2 选择"选择"→"全选"命令，将素材图像全部选中，如图4-121所示，选择"编辑"→"拷贝"命令，将图像复制到剪贴板中。

步骤3 打开图片，文件名为"空瓶素材"。

步骤4 选择工具箱中的"矩形选框工具"，在属性栏中设置"羽化"为"15像素"。按住【Alt】键，从左边空瓶的中心向外拖出一个矩形，如图4-122所示。

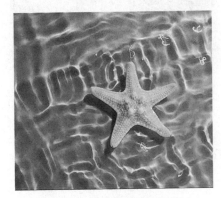

图4-121　图像复制到剪贴板中

图4-122　创建带羽化效果的选区

步骤5 选择"编辑"→"选择性粘贴"→"贴入"命令，将海星图像粘贴到圆形选区，效果如图4-123所示。

步骤6 选择"编辑"→"自由变换"命令，将海星图像缩放到合适大小，并移动到合适的位置，如图4-124所示。

图4-123　贴入效果

图4-124　将海星图像缩放到合适大小、合适位置

步骤 7 在"图层"面板中将海星图层的混合模式设为"正片叠底"，效果如图4-125所示。

步骤 8 重复步骤4~7的操作，将右边空瓶图层上海星图形的混合模式设为"强光"，最终结果如图4-126所示。

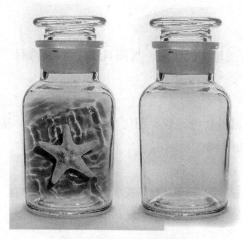

图4-125　效果　　　　　　　　　　　　图4-126　最终效果图

小技巧

图层混合模式与画笔混合模式有很多相同的地方，可以参照学习。

任务拓展

使用本书提供的素材文件，尝试使用不同的图层混合模式带来不同的显示效果。

相关知识

图层混合模式

1. 了解混合模式

在"图层"面板中，混合模式用于控制当前图层中的像素与它下面图层中的像素如何混合，如图4-127所示，除"背景"图层外，其他图层都支持混合模式。

2. 图层混合模式的设定

在"图层"面板中选择一个图层，单击面板顶部的下拉按钮，在打开的下拉列表中可以选择一种混合模式，如图4-128所示。

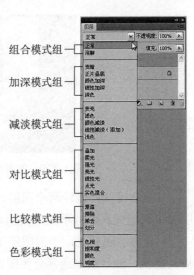

组合模式组

加深模式组

减淡模式组

对比模式组

比较模式组

色彩模式组

图4-127　更改其混合模式　　　　　**图4-128　混合模式分类**

混合模式分为6组，共27种，每一组的混合模式都可以产生相似的效果或有着相近的用途。

• 组合模式组中的混合模式需要降低图层的不透明度才能产生作用。

• 加深模式组中的混合模式可以使图像变暗，在混合过程中，当前图层中的白色将被底层较暗的像素替代。

• 减淡模式组与加深模式组产生的效果截然相反，它们可以使图像变亮。在使用这些混合模式时，图像中的黑色会被较亮的像素替换，而任何比黑色亮的像素都可能加亮底层图像。

• 对比模式组中的混合模式可以增强图像的反差。在混合时50%的灰色会完全消失，任何亮度值高于50%灰色的像素都可能加亮底层的图像，亮度值低于50%灰色的像素则可能使底层图像变暗。

• 比较模式组中的混合模式可以比较当前图像与底层图像，然后将相同的区域显示为黑色，不同的区域显示为灰度层次或彩色。如果当前图层中包含白色，白色的区域会使底层图像反相，而黑色不会对底层图像产生影响。

• 使用色彩模式组中的混合模式时，Photoshop会将色彩分为3种成分（色相、饱和度和亮度）。然后再将其中的一种或两种应用到混合后的图像中。

3. 图层混合模式演示效果

• 正常模式：默认的混合模式，图层的不透明度为100%时，完全遮盖下面的图像，如图4-129所示。降低不透明度可以使其与下面的图层混合。

• 溶解模式：设置为该模式并降低图层的不透明度时，可以使半透明区域上的像素离散，产生点状颗粒，如图4-130所示。

图4-129　正常模式效果　　　　图4-130　溶解模式效果

- 变暗模式：比较两个图层，当前图层中较亮的像素会被底层较暗的像素替换，亮度值比底层像素低的像素保持不变，如图4-131所示。
- 正片叠底模式：当前图层中的像素与底层的白色混合时保持不变，与底层的黑色混合时则被其替换，混合结果通常会使图像变暗，如图4-132所示。

图4-131　变暗模式效果　　　　图4-132　正片叠底模式效果

- 颜色加深模式：通过增加对比度来加强深色区域，底层图像的白色保持不变，如图4-133所示。
- 线性加深模式：通过减小亮度使像素变暗，它与"正片叠底"模式的效果相似，但可以保留下面图像更多的颜色信息，如图4-134所示。

图4-133　颜色加深模式效果　　　　图4-134　线性加深模式效果

- 深色模式：比较两个图层的所有通道值的总和并显示值较小的颜色，不会生成第三种颜色，如图4-135所示。

• 变亮模式：与"变暗"模式的效果相反，当前图层中较亮的像素会替换底层较暗的像素，而较暗的像素则被底层较亮的像素替换，如图4-136所示。

图4-135 深色模式效果　　图4-136 变亮模式效果

• 滤色模式：与"正片叠底"模式的效果相反，它可以使图像产生漂白的效果，类似于多个摄影幻灯片在彼此之上投影，如图4-137所示。

• 颜色减淡模式：与"颜色加深"模式的效果相反，它通过减小对比度来加亮底层的图像，并使颜色变得更加饱和，如图4-138所示。

图4-137 滤色模式效果　　图4-138 颜色减淡模式效果

• 线性减淡（添加）模式：与"线性加深"模式的效果相反。通过增加亮度来减淡颜色，亮化效果比"滤色"和"颜色减淡"模式都强烈，如图4-139所示。

• 浅色模式：比较两个图层的所有通道值的总和并显示值较大的颜色，不会生成第三种颜色，如图4-140所示。

图4-139 线性减淡模式效果　　图4-140 浅色模式效果

- 叠加模式：可增强图像的颜色，并保持底层图像的高光和暗调，如图4-141所示。
- 柔光模式：当前图层中的颜色决定了图像变亮或是变暗，如果当前图层中的像素比50%灰色亮，则图像变亮；如果像素比50%灰色暗，则图像变暗。产生的效果与发散的聚光灯照在图像上相似，如图4-142所示。

图4-141　叠加模式效果　　　　图4-142　柔光模式效果

- 强光模式：当前图层中比50%灰色亮的像素会使图像变亮；比50%灰色暗的像素会使图像变暗。产生的效果与耀眼的聚光灯照在图像上相似，如图4-143所示。
- 亮光模式：如果当前图层中的像素比50%灰色亮，则通过减小对比度的方式使图像变亮；如果当前图层中的像素比50%灰色暗，则通过增加对比度的方式使图像变暗。可以使混合后的颜色更加饱和，如图4-144所示。

图4-143　强光模式效果　　　　图4-144　亮光模式效果

- 线性光模式：如果当前图层中的像素比50%灰色亮，可通过增加亮度使图像变亮：如果当前图层中的像素比50%灰色暗，则通过减小亮度使图像变暗。与"强光"模式相比，"线性光"可以使图像产生更高的对比度，如图4-145所示。
- 点光模式：如果当前图层中的像素比50%灰色亮，则替换暗的像素：如果当前图层中的像素比50%灰色暗，则替换亮的像素，这对于向图像中添加特殊效果时非常有用，如图4-146所示。

图4-145　线性光模式效果　　　　图4-146　点光模式效果

• 实色混合模式：如果当前图层中的像素比50%灰色亮，会使底层图像变亮；如果当前图层中的像素比50%灰色暗，则会使底层图像变暗，该模式通常会使图像产生色调分离效果，如图4-147所示。

• 差值模式：当前图层的白色区域会使底层图像产生反相效果，而黑色则不会对底层图像产生影响，如图4-148所示。

图4-147　实色混合模式效果　　　　图4-148　差值模式效果

• 排除模式：与"差值"模式的原理基本相似，但该模式可以创建对比度更低的混合效果，如图4-149所示。

• 减去模式：可以从目标通道中相应的像素上减去源通道中的像素值，如图4-150所示。

图4-149　排除模式效果　　　　图4-150　减去模式效果

• 划分模式：查看每个通道中的颜色信息，从基色中划分混合色，如图4-151所示。

• 色相模式：将当前图层的色相应用到底层图像的亮度和饱和度中，可以改变底层图像的色相，但不会影响其亮度和饱和度，对于黑色、白色和灰色区域，该模式不起作用，如图4-152所示。

图4-151　划分模式效果　　　　图4-152　色相模式效果

• 饱和度模式：将当前图层的饱和度应用到底层图像的亮度和色相中，可以改变底层图像的饱和度，但不会影响其亮度和色相，如图4-153所示。

• 颜色模式：将当前图层的色相与饱和度应用到底层图像中，但保持底层图像的亮度不变，如图4-154所示。

图4-153　饱和度模式效果　　　　图4-154　颜色模式效果

• 明度模式：将当前图层的亮度应用于底层图像的颜色中，可改变底层图像的亮度，但不会对其色相与饱和度产生影响，如图4-155所示。

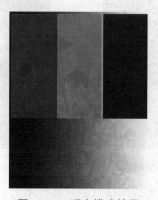

图4-155　明度模式效果

任务四　快速打造温馨复古色调

调整图层是一种特殊的图层，它可以将颜色和色调调整应用于图像，但不会改变原图像的像素，因此，不会对图像产生实质性的破坏。关于各种调整命令的使用方法，可参阅单元三的内容。

在Photoshop中，图像色彩与色调的调整方式有两种，一种是选择"图像"→"调整"子菜单中的命令，另一种是使用调整图层来操作。例如，图4-156所示为这两种调整方式的效果。选择"图像"→"调整"子菜单中的调整命令会直接修改所选图层中的像素数据。而调整图层可以达到同样的调整效果，但不会修改像素，不仅如此，只要隐藏或删除调整图层，便可以将图像恢复为原来的状态。

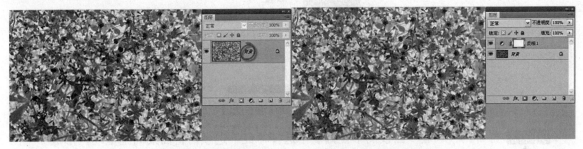

图4-156　调整图层不会修改所选图层中的像素数据

创建调整图层以后，颜色和色调调整就存储在调整图层中，并影响它下面的所有图层。如果想要对多个图层进行相同的调整，可以在这些图层上面创建一个调整图层，通过调整图层来影响这些图层，而不必分别调整每个图层。将其他图层放在调整图层下面，就会对其产生影响；从调整图层下面移动到上面，则可取消对它的影响。

调整图层可以随时修改参数。而一旦选择"图像"→"调整"子菜单中的命令，将文档关闭，图像就不能恢复了。

📓 任务描述

启动Photoshop CC软件，打开本书提供的素材文件，制作图4-157所示的温馨复古色调图像，并分别保存为"温馨复古色调.psd"和"温馨复古色调.jpg"。

图4-157　温馨复古色调图像

任务实施

步骤1 打开素材图片。

步骤2 单击图层控制面板下方的  按钮，在弹出的菜单中选择"曲线"命令，如图4-158所示。

图4-158 添加曲线调整图层

步骤3 打开的"调整"面板的下拉列表中选择"红"选项，将曲线向上拖动，形成一个凸起的弧线，如图4-159所示，这将增加图像中的红色。

步骤4 选择"蓝"选项，将曲线向下拖动，形成一个凹陷的弧线，如图4-169所示，这将减少图像中的蓝色。

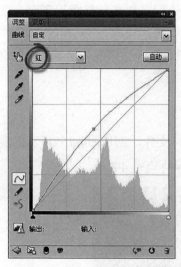

图4-159 设置曲线中的"红"

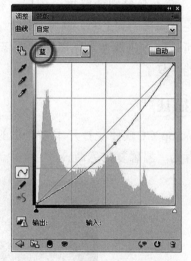

图4-160 设置曲线中的"蓝"

步骤5 选择"绿"选项，将曲线左半部分向下拖动，右半部分向上拖动，形成一个S形，如图4-161所示，这将使图片中暗部区域的红色更加突出，同时增加亮部区域中的黄色，最终效果如图4-162所示。

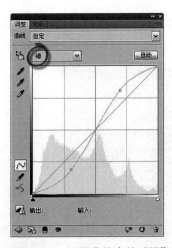

图4-161 设置曲线中的"绿"

图4-162 最终效果图

小技巧

理解并掌握互补色的概念，能够更好地帮助用户进行图像调色和色彩校正。

任务拓展

打开本书提供的素材文件，制作图4-163所示的青色调图像，并分别保存为"青色调图像.psd"和"青色调图像.jpg"。

图4-163 青色调图像

相关知识

一、创建调整图层并认识调整面板

选择"图层"→"新建调整图层"子菜单中的命令，或者使用"调整"面板都可以创建调整图层。"调整"面板中包含了用于调整颜色和色调的工具，并提供了常规图像校正的一系列调整预设，如图4-164左图所示。单击一个调整图层按钮，或单击一个预设，可以显示相应的参数设置选项，如图4-164右图所示，同时创建调整图层。

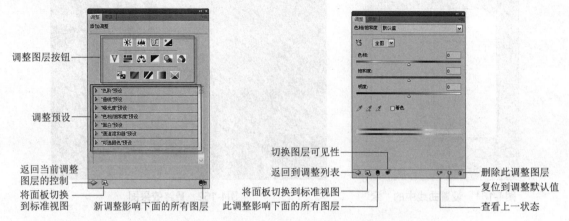

图4-164　"调整"面板及创建调整图层及面板详解

1. 调整面板

调整图层按钮/调整预设：单击一个调整图层按钮，面板中会显示相应设置选项，将光标放在按钮上，面板顶部会显示该按钮所对应的调整命令的名称；单击一个预设前面的按钮，可以展开预设列表，选择一个预设即可使用该预设调整图像，同时面板中会显示相应设置选项。

返回当前调整图层的控制/返回到调整列表：单击 按钮，可以将面板切换到显示当前调整设置选项的状态，单击 按钮，可以将面板返回到显示调整按钮和预设列表的状态。

将面板切换到标准视图：可以调整面板的宽度。

新调整图层影响下面的所有图层：默认情况下，新建的调整图层都会影响下面的所有图层。如果按下该按钮，则以后创建任何调整图层时，都会自动将其与下面的图层创建为剪贴蒙版组，使该调整图层只影响它下面的一个图层。

此调整影响下面的所有图层：按下该按钮，可以将当前的调整图层与它下面的图层创建为一个剪贴蒙版组，使调整图层仅影响它下面的一个图层；再次单击该按钮时，调整图层会影响下面的所有图层。

切换图层可见性：单击该按钮，可以隐藏或重新显示调整图层。

查看上一状态：当调整参数以后，可单击该按钮或按【\】键，在窗口中查看图像的上一个调整状态，以便比较两种效果。

复位到调整默认值：单击该按钮，可以将调整参数恢复为默认值。

删除此调整图层：单击该按钮，可以删除当前调整图层。

2. 修改调整参数

创建调整图层以后，在"图层"面板中单击调整图层的缩览图，"调整"面板中就会显示调整选项，此时即可修改调整参数。

3. 删除调整图层

选择调整图层，按【Delete】键，或者将其拖动到"图层"面板底部的"删除图层"按钮上即可将其删除。如果要保留调整图层，仅删除它的蒙版，可以右击调整图层的蒙版，在弹出的快捷菜单中选择"删除蒙版"命令即可。

二、填充图层

填充图层是指向图层中填充纯色、渐变和图案而创建的特殊图层，可以为它设置不同的混合模式和不透明度，从而修改其他图像的颜色或者生成各种图像效果。

任务五　改变沙发模型贴图

Photoshop可以打开和处理由Adobe Acrobat 3D Version 8、3D Studio Max、Alias、Maya以及Google Earth等程序创建的3D文件。打开一个3D文件时，可以保留它们的纹理、渲染和光照信息，3D模型放在3D图层上，3D对象的纹理出现在3D图层下面的条目中，如图4-165所示。

可以移动3D模型，或对其进行动画处理、更改渲染模式、编辑或添加光照，或将多个3D模型合并为一个3D场景。此外，还可以基于一个2D图层创建3D内容，如正方体、球面、网柱、3D明信片、3D网格等。

任务描述

启动Photoshop CC软件，打开本书提供的素材文件，制作图4-166所示的3D图层图像，并分别保存为"3D图层图像.psd"和"3D图层图像.jpg"。

图4-165　打开带有3D图层的素材文件

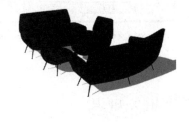

图4-166　3D图层

任务实施

步骤1　选择"文件"→"打开"命令，打开一个3D文件，如图4-167所示。在"图层"面板中双击纹理，如图4-168所示，纹理会作为智能对象打开。

步骤2　选择"文件"→"打开"命令，打开一个贴图文件，使用移动工具将该图像拖动到3D纹理档案中，如图4-169所示。

图4-167　打开素材文件　　　　　图4-168　双击纹理　　　　图4-169　移动到3D纹理档案中

步骤3 关闭"智能对象"窗口，会弹出一个对话框，如图4-170所示，单击"是"按钮，存储对纹理所做的修改并应用到模型中，如图4-171所示。

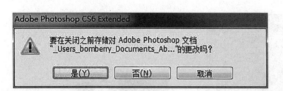

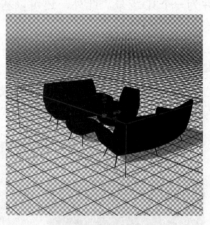

图4-170　关闭智能对象时弹出对话框　　　　　图4-171　最终效果图

相关知识

一、创建3D图层

1. 从2D图像创建3D对象（Photoshop Extended）

Photoshop可以将2D图层作为起始点，生成各种基本的3D对象。创建3D对象后，可以在3D空间移动它、更改渲染设置、添加光源或将其与其他3D图层合并。

2. 创建3D明信片

选择要转换为3D对象的图层，选择"3D"→"从图层新建3D明信片"命令，即可创建3D明信片。原始的2D图层会作为3D明信片对象的"漫射"纹理映射出现在"图层"面板中，如图4-172所示。

图4-172　最终效果图

3. 从 3D 文件新建图层

打开 2D文件后，选择"3D"→"从3D文件新建图层"命令，并打开3D文件。

二、隐藏图层

在2D图层位于3D图层上方的多图层文档中，可以暂时将3D图层移动到图层堆栈顶部，以便快速进行屏幕渲染。选择"3D"→"自动隐藏图层以改善性能"命令。选择"3D位置"工具或"相机"工具。使用任意一种工具按住鼠标按钮时，所有 2D 图层都会临时隐藏。鼠标松开时，所有2D图层将再次出现。移动3D轴的任何部分也会隐藏所有2D图层。

三、将3D图层转换为2D图层　（Photoshop Extended）

转换3D图层为2D图层可将3D内容在当前状态下进行栅格化。只有不想再编辑3D模型位置、渲染模式、纹理或光源时，才可将3D图层转换为常规图层。栅格化的图像会保留3D 场景的外观，但格式为平面化的2D格式。在"图层"面板中选择3D图层，并选择"3D"→"栅格化"命令。

四、图层转换为智能对象　（Photoshop Extended）

将3D图层转换为智能对象，可保留包含在3D图层中的3D信息。转换后，可以将变换或智能滤镜等其他调整应用于智能对象。可以重新打开"智能对象"图层以编辑原始3D场景。应用于智能对象的任何变换或调整会随之应用于更新的3D内容。在"图层"面板中选择3D图层。从"图层"面板选项菜单中选择"转换为智能对象"命令。要重新编辑3D内容，可双击"图层"面板中的"智能对象"图层。

五、导出 3D 图层

可以用以下所有受支持的3D格式导出3D图层：Collada DAE、Wavefront/OBJ、U3D和Google Earth 4 KMZ。要导出3D图层，首先选择"3D"→"导出3D图层"命令，选取导出纹理的格式，需要注意的是U3D和KMZ支持JPEG 或 PNG作为纹理格式，而DAE和 OBJ支持所有 Photoshop支持的用于纹理的图像格式。如果导出为U3D格式，须选择编码选项。ECMA 1与Acrobat 7.0兼容；ECMA 3与 Acrobat 8.0及更高版本兼容，并提供一些网格压缩，最后单击"确定"按钮即可导出。

任务六　校园蓝天白云效果

任务描述

　　启动Photoshop CC软件，打开本书提供的素材文件，制作图4-173所示的更换校园背景的照片，并分别保存为"校园风光1.psd"和"校园风光1.jpg"。

图4-173　校园风光1

任务实施

　　步骤1 启动Photoshop CC软件后，打开素材图片"蓝天白云.jpg""校园素材.jpg"，如图4-174所示。

图4-174　打开素材图片

　　步骤2 选择蓝天白云图片选项卡，按【Ctrl+A】组合键全选，然后按【Ctrl+C】组合键复制图像。

图4-175 复制素材文件

步骤3 返回到"校园素材.jpg"图像窗口，按【Ctrl+V】组合键粘贴，并将粘贴的蓝天白云图片通过移动工具，移动到图片上方，如图4-176所示。

图4-176 移动素材图像

步骤4 单击"图层"面板底部的"添加图层蒙版"按钮添加蒙版。

图4-177 添加图层蒙版

步骤5 选择渐变工具，将前景色调整成白色，背景色调整成黑色，按住【Shift】键的同时在图片上端开始往下拖拉移动鼠标进行渐变填充，效果如图4-178所示。

图4-178　渐变填充

步骤6 选择"文件"→"存储"命令（或者按【Ctrl+S】组合键）保存。

小技巧

蒙版工具与选区、渐变填充工具联用，能制作出很多图像效果。

任务拓展

打开本书提供的素材文件，制作图4-179所示的更换天空背景的图片，并分别保存为"校园风光2.psd"和"校园风光2.jpg"。

图4-179　校园风光2

相关知识

一、蒙版

蒙版是Photoshop中的一个重要概念，使用蒙版可以保护图层，使该图层不被编辑。蒙版可以隐藏或显示图层区域内的部分内容。编辑蒙版可以使图层产生各种效果，而不会影响该图层上的图像。

　　快速蒙版是一种临时的蒙版，它不能被重复使用。建立快速蒙版的方法非常简单，打开一个图像文件，在图像中需要编辑的部分使用选择工具创建一个选区，如图4-180所示，单击工具箱最下面的"以快速蒙版模式编辑"按钮■，会在所选择对象以外的区域蒙上一层半透明的红色，如图4-181所示，同时"通道"面板增加了一个快速蒙版的通道，如图4-182所示。可以使用绘图工具（画笔、橡皮擦工具等）对蒙版进行编辑。

图4-180　创建选区

图4-181　快速蒙版效果

　　双击工具箱中的"以快速蒙版模式编辑"按钮■，打开"快速蒙版选项"对话框，如图4-183所示。"色彩指示"有两个选项，分别是"被蒙版区域"和"所选区域"，如选择"被蒙版区域"，表示被蒙版区域有色彩覆盖；如选择"所选区域"，表示所选区域有色彩覆盖。"颜色"表示用来覆盖的是什么颜色，系统默认为红色，可以单击颜色下面的色块选择自己需要的颜色。

图4-182　"快速蒙版"通道图

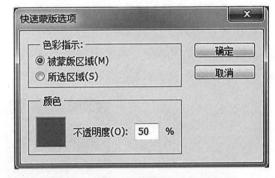
图4-183　"快速蒙版选项"对话框

　　"不透明度"表示覆盖区域色彩的不透明度，同样可以根据自己的需要进行修改。蒙版的颜色和不透明度只影响快速蒙版的外观，对其下面的区域保护没有任何影响。

二、矢量蒙版

　　矢量蒙版是由钢笔工具或形状工具创建的蒙版，它通过路径和矢量形状来控制图像的显示区域，可以任意缩放。

　　要创建矢量蒙版，可选中图层后使用"钢笔工具"或形状工具在图层中绘制路径，然后转化成选区，再单击"路径"面板中的"添加矢量蒙版"图标，如图4-184和图4-185所示。

图4-184　创建矢量蒙版前　　　　　　图4-185　创建矢量蒙版后

　　也可以将绘制的路径创建矢量蒙版，只要在当前选中的图层中选择"图层"→"矢量蒙版"→"当前路径"命令，可以为图像创建一个空白的矢量蒙版，然后在蒙版中创建路径。

　　在"图层"面板中，选择要编辑的包含矢量蒙版的图层，必须单击"蒙版"面板中的"选择矢量蒙版"按钮，或单击"路径"面板中的路径缩略图，可以使用形状、钢笔或直接选择工具更改形状，或设置蒙版效果。

　　单击"图层"面板中的矢量蒙版缩览图，选择"编辑"→"变换路径"子菜单中的命令，可以对矢量蒙版进行各种变换操作。矢量蒙版的变换方法与图像的变换方法相同。由于矢量蒙版是基于矢量对象的蒙版，它与分辨率无关。因此，在进行变换和变形操作时不会产生锯齿。

三、剪贴蒙版

　　剪贴蒙版是一种非常特殊的蒙版，它使用一个图像的形状限制其上层图像的显示范围。剪贴蒙版可以通过一个图层控制多个图层的显示区域，但它们必须是连续的。剪贴蒙版主要由两部分组成：基层和内容层。

　　创建剪贴蒙版：在剪贴蒙版中，基底图层位于整个剪贴蒙版的底部，上面的图层为内容图层。基底图层名称下带有下画线，内容图层的缩览图是缩进的，并带有剪贴蒙版图标，如图4-186所示。

图4-186　剪贴蒙版

　　在"图层"面板当中，选择"图层"→"创建剪贴蒙版"命令，或右击要应用剪贴蒙版的图层，在弹出的快捷菜单中选择"创建剪贴蒙版"命令，或按住【Alt】键，将光标放在"图层"面板中分隔两组图层的线上，然后单击创建剪贴蒙版，如图4-187所示。

图4-187 创建剪贴蒙版

设置剪贴蒙版的不透明度和混合模式：剪贴蒙版使用基底图层的不透明度和混合模式属性。在调整基底图层的不透明度和混合模式时，可以控制整个剪贴蒙版的不透明度和混合模式，如图4-188所示。

调整内容图层的不透明度和混合模式，仅仅对该图层产生作用，不会影响到剪贴蒙版中其他图层的不透明度和混合模式，如图4-189所示。

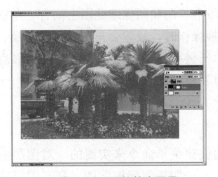

图4-188 调整基底图层

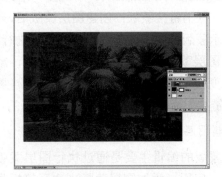

图4-189 调整内容图层

释放剪贴蒙版：右击需要释放剪贴蒙版的内容层，在弹出的快捷菜单中选择"释放剪贴蒙版"命令，或选择"图层"→"释放剪贴蒙版"命令。用户也可以按住【Alt】键，将光标放在剪贴蒙版中两个图层之间的分隔线上，单击后可以释放剪贴蒙版中的图层。如果该图层上面还有其他内容图层，则这些图层也会同时释放，如图4-190所示。

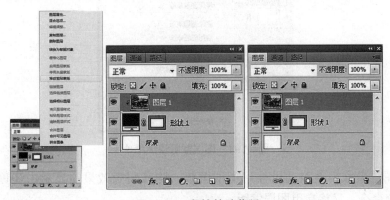

图4-190 释放剪贴蒙版

四、图层蒙版

图层蒙版是图像处理中最为常用的蒙版，主要用来显示或隐藏图层的部分内容，在编辑的同时能够保留图像不因编辑而破坏。

图层蒙版中的白色区域可以遮盖下面图层中的内容，只显示当前图层中的图像；黑色区域可以遮盖当前图层中的图像，只显示出下面图层中的内容；灰色区域会根据其灰度值使当前图层中的图像呈现出不同层次的透明效果。

1. 创建图层蒙版

在创建图层蒙版时，首先需要确定是要隐藏还是显示所有图层，也可以在创建蒙版之前建立选区，通过选区使创建的图层蒙版自动隐藏部分图层内容。

在"图层"面板中选择需要添加蒙版的图层后，单击面板底部的"添加图层蒙版"按钮 ⬛，或选择"图层"→"图层蒙版"→"显示全部"命令或"隐藏全部"命令即可创建图层蒙版。

复制、移动图层蒙版：按住【Alt】键将一个图层的蒙版拖至另一个图层上，可以将蒙版复制到目标图层。如果直接将蒙版拖至另一个图层，则可以将蒙版转移到目标图层上，源图层将取消蒙版。

链接、取消链接蒙版：创建图层蒙版后，蒙版缩览图和图像缩览图中间有一个链接图标，该图标表示蒙版与图像处于链接状态。在进行变换操作时，蒙版会与图像一起变换。选择"图层"→"图层蒙版"→"取消链接"命令，或单击链接图标，可以取消链接；取消链接后，可以单独变换图像，也可以单独变换蒙版。要重新链接蒙版，可以选择"图层"→"图层蒙版"→"链接"命令，或再次单击链接图标的位置。

2. 编辑图层蒙版

图层蒙版的编辑主要是通过执行图层蒙版的快捷菜单命令来实现的，对图层蒙版进行停用、删除、应用、添加图层蒙版到选区等操作。右击图层蒙版缩览图，打开图层蒙版快捷菜单，如图4-191所示。选择某个命令或按相对应的快捷键，可以实现图层蒙版的编辑。

图4-191　图层蒙版快捷菜单

• "停用图层蒙版"命令通过停用图层蒙版，隐藏蒙版效果的显示，还原图像的原始效果。再次执行该命令，又将启用图层蒙版。

• "删除图层蒙版"命令可以清除当前图层的图层蒙版，或选择图层蒙版缩览图后将其拖动至"删除图层"按钮上，在打开的信息提示框中单击"应用"按钮，将图层蒙版应用到图层中，或直接单击"删除"按钮删除该蒙版。

• "应用图层蒙版"命令将图层蒙版应用到图像中，同时删除该图层蒙版。

• "添加蒙版到选区"命令将图层蒙版作为选区载入，可按住【Ctrl】键单击图层蒙版的缩览图。

• "从选区中减去蒙版"命令从当前选区中减去图层蒙版的选区。当图像中没有选区时，单击该命令实现图层蒙版选区的反向。

• "蒙版与选区交叉"命令将当前创建的选区与图层蒙版的选区相交，保留相交部分而删除不相交的选区部分。

• "调整蒙版"命令可以打开"调整蒙版"对话框调整蒙版效果，其操作方法与调整选区方法类似，如图4-192所示。

• "蒙版选项"命令可以打开"图层蒙版显示选项"对话框，设置蒙版显示的颜色以及不透明度的百分比，如图4-193所示。

图4-192　"调整蒙版"对话框　　　　图4-193　"图层蒙版显示选项"对话框

小　结

通过本单元的学习，读者应该重点掌握以下内容：

• 理解图层的概念；

• 掌握图层面板各项按钮、功能的使用

• 掌握新建、删除、合并、链接、隐藏等图层相关的各项操作；

• 掌握调整图层的使用；

• 掌握图层样式的使用；

• 理解蒙版的概念；

• 掌握蒙版的使用方法。

练　习

一、多项选择题

1. 在 Photoshop 中，下列关于调整图层的描述不正确的是（　　）。

A. 在将 RGB 模式的图像转换为 CMYK 模式之前，如果有多个调整图层，可只将多个调整图层合并，模式转换完成后，调整图层和普通图层不会被合并

B. 在将 RGB 模式的图像转换为 CMYK 模式的过程中，如果图像有调整图层，会弹出对话框，可设定将调整图层删除或合并

C. 如果当前文件有多个并列的图像图层，当调节图层位于最上面时，调整图层可以对所有图像图层起作用

D. 如果当前文件有多个并列的图像图层，当调整图层位于最上面时，可将调整图层和紧邻其下的图像图层编组，使之成为裁切组关系，这样，调整图层只对紧邻其下的图像图层起作用，而对其他图像图层无效

2. 下列对背景层描述正确的是（　　）。

A. 始终在最底层   B. 不能隐藏

C. 不能使用快速蒙版   D. 不能改变其"不透明度"

3. 以下关于调整图层的描述正确的是（　　）。

A. 可通过创建"曲线"调整图层或者通过选择"图像"→"调整"→"曲线"命令对图像进行色彩调整，两种方法都对图像本身没有影响，而且方便修改

B. 调整图层可以在"图层"面板中更改透明度

C. 调整图层可以在"图层"面板中更改图层混合模式

D. 调整图层可以在"图层"面板中添加图层蒙版

二、操作题

制作图腾石刻，最终效果如图4-194所示。

图4-194　作业最终效果图

单元 ⑤ 绘制、修饰与修复图像

Photoshop CC提供了许多实用的绘画与修饰工具，如"画笔工具" ✎、"仿制图章工具" ■ 和"修复画笔工具" ✎等，利用这些工具不仅可以绘制图形，还可以修饰或修复图像，从而制作出一些特殊的艺术效果或修复图像中存在的缺陷。

学习目标：

- 掌握利用"画笔工具" ✎绘制与修饰图像，利用"颜色替换工具" ✎替换图像颜色的方法。
- 掌握利用图章工具组、历史记录画笔工具组、修复工具组和图像修饰工具组复制、修复和修饰图像的方法。
- 能够在实践中选择合适的绘制与修饰工具对图像进行处理。

任务一 绘制风景画——绘制图像

使用Photoshop CC绘制图像，首先要了解Photoshop CC工作界面中各种组成元素的使用，文件的基本操作以及一些与图像处理相关的基本概念。通过画笔工具完成绘图任务，从而掌握画笔工具的强大功能及使用技巧。画笔工具与生活中经常使用的毛笔功能相似，其应用范围非常广，是学习其他图像绘制类工具的基础。

画笔工具组包括"画笔工具" ✎、"铅笔工具" ✎、"颜色替换工具" ✎和"混合器画笔工具" ✎，如图5-1所示。

图5-1 画笔工具组

📃 任务描述

启动Photoshop CC软件，打开本书提供的素材文件，制作图5-2所示的风景画，学习绘制图像所需要的画笔工具组中的各工具，以及"画笔"面板的用法。

图5-2 风景画效果图

Photoshop CC软件中几乎所有菜单命令及工具都可以在英文输入状态下使用相应快捷键进行操作。例如，上述画笔操作可以使用【B】快捷键。

任务实施

步骤1 启动Photoshop CC软件后，选择"文件"→"打开"命令（或者按【Ctrl+O】组合键），打开"打开"对话框，浏览并选中本书配套的素材文件"素材1.jpg"文件，如图5-3和图5-4所示。

图5-3 打开素材文件

图5-4　打开素材文件

步骤2 选择"画笔工具"，单击工具属性栏中"画笔"右侧的下拉按钮，从弹出的下拉面板中选择一种笔刷样式。参考图5-5所示设置笔刷的硬度、大小和不透明度。

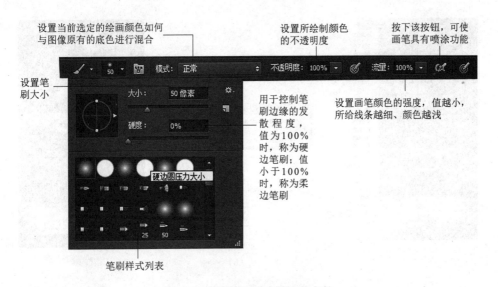

设置当前选定的绘画颜色如何与图像原有的底色进行混合

设置所绘制颜色的不透明度

按下该按钮，可使画笔具有喷涂功能

设置笔刷大小

用于控制笔刷边缘的发散程度，值为100%时，称为硬边笔刷；值小于100%时，称为柔边笔刷

设置画笔颜色的强度，值越小，所给线条越细、颜色越浅

笔刷样式列表

图5-5　选择笔刷样式并设置参数

步骤3 利用"画笔"面板设置笔刷的更多特性。选择"窗口"→"画笔"命令或按【F5】键，打开"画笔"面板。在"画笔笔尖形状"分类中设置"间距"（笔刷点之间的距离）为25%；在"形状动态"分类中设置"大小抖动"为100%，"最小直径"为20%；在"散布"分类中设置"散布"为120%，"数量"为5，"数量抖动"为100%，如图5-5所示。

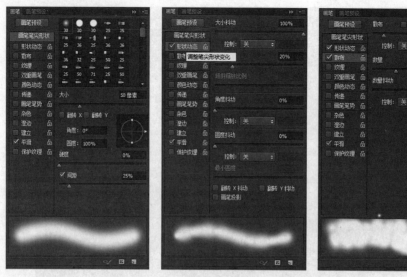

图5-6　在"画笔"面板中设置笔刷特征

步骤 4 在"画笔"面板中选择"纹理"分类，然后单击图案右侧的下拉按钮，在弹出的图案列表中单击 按钮，在弹出的下拉列表中选择"图案"，如图5-7（a）所示。在弹出的提示框中单击"追加"按钮，将所选图案添加到图案列表中，最后在图案列表中选择"云彩"，从模式下拉菜单中选择"线性高度"，深度设置为7%，如图5-7（b）和（c）所示。

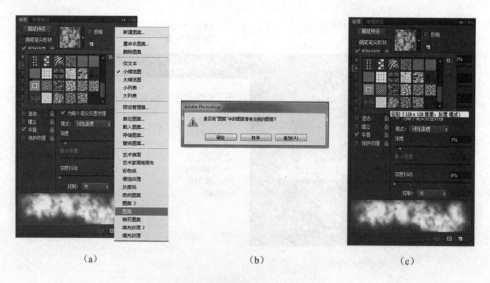

（a）　　　　　　　　　　　（b）　　　　　　　　　　　（c）

图5-7　添加图案并选择"云彩"

步骤 5 此时可在"画笔"面板底部的预览框中看出云彩过浓，这样绘制出来的图案将是一片白色，没有云彩应有的蓬松感。在"传递"中设置"不透明度"抖动为50%，"流量抖动"为20%，如图5-8所示。设置好笔刷后，在图像窗口的右上角按住鼠标左键并拖动，绘制心形云彩。

图5-8 设置笔刷特性并绘制心形云彩

步骤6 为画笔添加更多的笔刷样式,方法是单击"画笔"面板右上角的按钮,从弹出的菜单中选择需要添加的笔刷类型,如"特殊效果画笔",在弹出的提示框中单击"确定"或"追加"按钮,将所选笔刷添加到笔刷列表中,如图5-9所示。

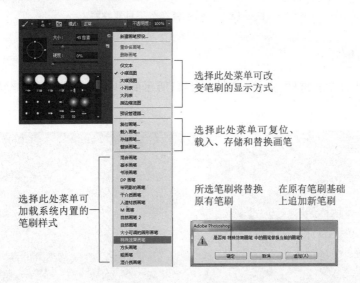

图5-9 添加笔刷

步骤7 在"画笔"面板中选择刚才添加的"树叶"笔刷。然后在"画笔"面板的"画笔笔尖形状"中将"间距"设置为90%,在"颜色动态"中将"前景/背景抖动"设置为100%,在"散布"中将"散布"设置为260%,数量设置为2,如图5-10所示。

步骤8 笔刷属性设置好后,直接在文件中进行涂抹,直至出现树叶效果,如图5-11所示。到此,风景画就绘制好了,按【Ctrl+Shift+S】组合键将图像保存为"风景画"的JPEG格式文件。

图5-10 选择笔刷并设置笔刷效果　　　　　　　图5-11 绘制树叶效果

"颜色替换工具"属性栏如图5-12所示。取样按钮 ▲ ▲ ▲ ：用来设置如何取样需要替换的颜色。单击"连续"按钮 ▲ 表示将替换鼠标光标经过处的颜色；单击"一次"按钮 ▲ 表示只替换与第一次单击处颜色相似的区域；单击"背景色板"按钮 ▲ 表示只替换与当前背景色相似的颜色区域。

图5-12 "颜色替换"工具属性栏

任务拓展

打开本书提供的"素材1"文件，制作图5-11所示的图像，并保存文件绘制"蝴蝶"效果，如图5-13所示。

图5-13 绘制蝴蝶效果

相关知识

一、使用画笔工具

"画笔工具" 类似于传统的毛笔，可以绘制各类柔软或硬朗的线条，也可以画出预先定义好的图案（笔刷），其使用方法具有强烈的代表性，一般绘图和修饰工具的用法都与它相似。

选择"画笔工具" 后，首先设置绘画颜色（前景色），利用属性栏或"画笔"面板选择笔刷并设置笔刷大小、硬度和间距等属性，然后在图像中按住鼠标左键不放并拖动进行绘画，如图5-14所示。

图5-14　"画笔工具"属性栏

1. 画笔预设

单击"画笔预设"按钮，在弹出的下拉菜单可以对画笔的大小、硬度和样式等参数进行设置。画笔直径是对画笔大小的设置；画笔的硬度是用于控制画笔在绘画中的柔软程度，值越大，画笔越清晰；画笔的样式是对画笔形状的设置。

- 设置画笔大小和颜色，可以在参数设置面板的"大小"文本框中输入需要的直径大小，单位是像素，也可以直接拖动"大小"文本框下面的滑块设置画笔大小。画笔的颜色是由前景色决定的，所以在使用画笔时应先设置好所需要的前景色。也可单击其属性栏中的按钮，打开参数设置面板，按【]】键将画笔直径快速变大，按【[】键将画笔直径快速变小。
- 设置画笔的硬度。画笔的硬度用于控制画笔在绘画中的柔软程度，其设置方法和画笔大小一样，只是单位为百分比。当画笔的硬度小于100%时，则表示画笔有不同程度的柔软效果；当画笔的硬度为100%时，则画笔绘制出的图像边缘就非常清晰。
- 设置画笔笔尖形状。画笔的默认笔尖形状为圆形，在参数设置面板最下面的"画笔"列表框中单击所需要的画笔。另外，在画笔控制面板中还有更多的画笔笔尖形状，还可以自定义画笔笔尖形状或者将特殊的画笔文件添加到笔尖形状中，以供使用，如图5-15所示。

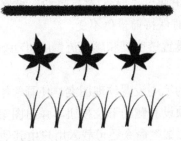

图5-15　画笔笔尖形状

2. "画笔"面板

- 单击"画笔面板"按钮可以打开"画笔"面板（也可选择"窗口"→"画笔"命令，或者按【F5】键），可以通过"画笔"面板对画笔进行更丰富的设置。
- 画笔：用来设置画笔的笔头大小及边缘虚实程度。
- 模式：用来设置画笔修复时的合成模式。
- 类型：其中包含3个单选选项。最常用的为"内容识别"，可以自动识别污点和污点周围像素的颜色信息，进行污点修复。当选择"近似匹配"时，可以使用污点周围的颜色像素修复图像；当选择"创建纹理"时，在修复的同时还添加一定的纹理效果。
- 取样（对所有图层取样）：图像修复操作中对所有可见图层都起作用。

"控制"下拉列表中包括以下几个选项：

- "关"：表示关掉控制属性。
- "渐隐"：渐隐的绘图方式。
- "钢笔压力"：在绘图过程中控制画笔的压力。
- "钢笔斜度"：使画笔和画布保持一定的夹角，如同在斜握画笔的状态下绘画。
- "光笔轮"：循环改变选项，例如：当选择了画笔大小功能时，可逐渐放大或缩小画笔的大小。
- "画笔"面板中各选项的意义如下：
- "画笔笔尖形状"：在该界面中可选择笔刷，设置笔刷大小、角度、硬度、不透明度、绘画模式和笔刷点之间的距离等。
- "形状动态"：在该界面中可设置绘制时笔刷的形状（大小和角度等）是否随机发生变化，以及变化的程度等。其中，将各"抖动"设置为0%时表示不变化。那么大小抖动就是大小随机，表示笔刷的直径大小是无规律变化着的。因此我们看到圆点有的大有的小，且没有变化规律。如果你多次使用这个笔刷绘图。那么每次绘制出来的效果也不会完全相同。
- "散布"：在该界面中可设置绘制时笔刷的分布方式、数量和抖动等。其中，"散布"值越大，分散效果越明显，当勾选"两轴复选框"时，笔刷同时在水平和垂直方向上分散，否则只在鼠标拖动轨迹的两侧发散；"数量"值越大，笔刷之间的密度越大；而通过调整"数量抖动"参数，可绘制密度不一样的笔刷效果。
- "颜色动态"：在该界面中通过"前景/背景抖动"设置所绘图像的颜色从前景色过渡到背景色的程度，设置为0%时保持前景色不变。
- "传递"：在该界面中可设置透明度和颜色流量的抖动效果，从而绘制出不同透明度和浓度的图像。
- "纹理"：在该界面中可为笔刷设置纹理图案。使画笔绘制出的线条中包含图案预设窗口中的各种纹理。单击图案预设右侧的下拉按钮，弹出图案预设窗口，在其中可以选取不同的图案纹理，执行"载入图案"命令还可载入用户由其他途径获得的图案文件。
- "限制"选项：用来设置如何替换与取样的颜色相似的颜色。选择"连续"表示只替换光标经过处区域的颜色；选择"不连续"表示将替换与取样颜色相似的任何位置的颜色；选择"查找边缘"表示将替换包含样本颜色的连接区域。

- "容差"选项:容差值越大，可替换的颜色范围就越大。

小技巧

"控制"下拉列表中，"渐隐"之后的选项只有安装了感知压力的绘图板时才有效。

3.画笔模式

选择不同的画笔模式可以创作出不同的绘图效果。画笔的模式需要先设置好，然后进行绘画才会显示效果。

4.画笔不透明度

画笔工具的不透明度用于设置画笔工具在画面中绘制出透明的效果。

5.画笔流量

画笔工具的流量用于设置绘制图像颜料溢出的多少，设置的数值越大，绘制的图像效果越明显。

6.画笔笔尖形状设置

主要用于设置画笔的直径、形状、画笔边缘的虚实程度和画笔的间距等。画笔笔尖形状设置面板如图5-17所示。

图5-16　"控制"选项　　　图5-17　画笔笔尖设置面板

"画笔笔尖形状设置"中各选项的意义如下：

- 大小：用来控制画笔大小，最大值为2 500像素。
- 翻转X和翻转Y：勾选此复选框可以更改所选画笔的显示方向。

- 角度：用于控制画笔的角度，所设置的角度在"圆度"参数发生变化时有效。
- 圆度：用于控制画笔长短轴的比例，其取值范围为0～100。
- 硬度：用于控制画笔边缘的虚实。
- 间距：用于控制画笔笔触之间的间距，取值范围为0～100。数值越大，笔触之间的距离就越大。

7. 画笔形状动态设置

通过画笔形状动态设置，用户可以在已经指定画笔大小等参数的状态下，通过改变画笔大小、角度及扭曲画笔等各种方式得到动态画笔效果，如图5-18所示。

"形状动态"中各选项的意义如下：

- 大小抖动：指定画笔在绘制线条的过程中标记点大小的动态变化状况，在其右侧的文本框中可以设置变化的百分比。
- 最小直径：用于控制画笔标记点可以缩小的最小尺寸，它是以画笔直径的百分比为基础的，其取值范围为1%～100%。
- 倾斜缩放比例：当"控制"选项为"钢笔斜度"时，用于定义画笔倾斜的比例，此选项只有使用压力敏感的数字画板时才有效，其数字大小也是以画笔直径的百分比为基础。
- 角度抖动：用于控制画笔在绘制线条的过程中标记点角度的动态变化情况。
- 圆度抖动：用于控制画笔在绘制线条的过程中标记点圆度的动态变化效果。
- 最小圆度：用于控制画笔标记点的最小圆度，它的百分比是以画笔短轴和长轴的比例为基础的。

8. 画笔散布设置

忽略所设置的画笔间距，使画笔图像在一定范围内自由散布，因为散布效果是随机的，所以得到的效果通常比较自然，如图5-19所示。

图5-18　"形状动态"选项设置与绘制效果　　图5-19　"散布"选项设置与绘制效果

"散布"中各选项的意义如下：

- 散布：用来控制散布的程度，数值越高，散布的位置和范围就越随机。当勾选"两轴"复选框时，画笔标记点呈放射状分布；若不勾选"两轴"复选框，画笔标记点的分布和画笔绘制的线条方向垂直。
- 数量：用来指定每个空间间隔中画笔标记点的数量变化。
- 数量抖动：用来定义每个空间间隔中画笔标记点的数量变化。

9.画笔纹理设置

画笔纹理设置选项可以用系统自带的纹理填充画笔图像区域，但是这种填充效果只有在画笔的不透明度不为100%时才有效。还原图像到初始状态，单击"画笔"面板中的"纹理"选项，将鼠标放置在图像中，当前笔触会运用选择的图案填充，如图5-20所示。

"纹理"中各选项的意义如下：

- 缩放：用来控制图案的缩放比例。
- 为每个笔尖设置纹理：勾选该复选框时，"最小深度"和"深度抖动"等参数将被激活。
- 模式：用来设置画笔和图案之间的混合模式。
- 深度：用来控制画笔渗透图案的深度，取值范围为0%～100%。当该项数值为0%时，只有画笔的颜色，图案不显示；当该项数值为100%时，只显示图案。
- 最小深度：用于控制画笔渗透图案的最小深度。
- 深度抖动：用于控制画笔渗透图案的深度变化。

10.双重画笔设置

该选项是使用两种笔尖效果创建画笔，其使用方法为：首先在"画笔笔尖形状"中选择一种原始画笔，然后在"双重画笔"的画笔选择框中选择一种笔尖作为第二个画笔，并将这两个画笔合二为一。将图像还原到初始状态，将鼠标放置在图像中，按住鼠标拖动。"双重画笔"中的各个选项设置都是针对第二个画笔的，如图5-21所示。

图5-20 "纹理"选项设置与绘制效果　　图5-21 "双重画笔"选项设置与绘制效果

11. 画笔颜色动态设置

勾选画笔颜色动态设置选项，在绘画过程中，将出现前景色和背景色相互混合的绘制效果。

小技巧

前景色到背景色过渡效果的出现主要由"控制"中的"渐隐"来控制，其数值越大，前景色到背景色的过渡越缓和；数值越小，前景色到背景色的过渡越急促。

"画笔颜色"中各选项的意义如下：

- 前景/背景抖动：用于控制前景色和背景色的混合程度，其数值越大，得到的变化就越多。
- 色相抖动：用于控制绘制线条的色相的动态变化范围。
- 饱和度抖动：用于控制饱和度的混合程度。
- 亮度抖动：用于控制亮度的混合程度。
- 纯度：用于控制混合后的整体颜色，其数值越小，混合后的颜色就越接近于无色。

二、使用铅笔工具

利用"铅笔工具" 可以模拟铅笔绘画的风格和效果，绘制一些边缘硬朗、无发散效果的线条或图案。"铅笔工具" 与"画笔工具" 的用法基本相同。

三、使用颜色替换工具

利用"颜色替换工具" 可以在保留图像纹理和阴影不变的情况下，快速将涂抹区域的颜色替换为前景色。要使用该工具编辑图像，应先设置合适的前景色，然后在指定的图像区域进行涂抹即可。

四、使用混合器画笔工具

利用"混合器画笔工具" 可将前景色和图像（画布）上的颜色进行混合，模拟出真实的绘画效果。图5-22所示为利用该工具绘制的水彩画效果。用户可以打开本书配套素材"单元五"文件夹中的"5-3-1"图像文件进行操作。

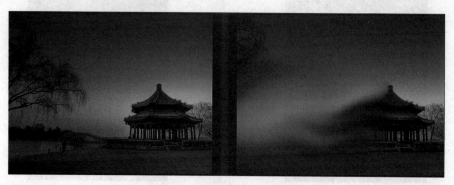

图5-22 混合画笔工具绘制

任务二　修复人物照片——修复图像

任务描述

下面通过修复图5-23（a）所示的人物照片，来学习利用图章工具组和修复工具组修复图像的方法，最终效果如图5-23（b）所示。

（a）原图　　　　　　　　　　　　　（b）修复后效果

图5-23　修复人物照片前后效果对比

小技巧

污点修复画笔工具可以自动根据近似图像颜色修复图像中的污点，从而与图像原有的纹理、颜色、明度匹配，该工具主要针对小面积污点。

任务实施

步骤1　启动Photoshop CC软件，选择"文件"→"打开"命令，打开"素材4"图像文件，选择"污点修复画笔工具"，然后在"画笔"下拉面板中设置笔刷大小为20像素，如图5-24所示。

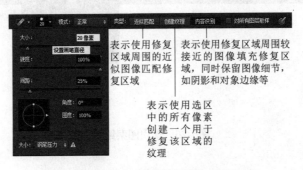

图5-24　设置"污点修复画笔工具"参数

步骤2 参数设置好后，按【Ctrl++】组合键，将图像放大，利用"平移工具"将人物腿部的玻璃杯图像制作成选区（也可用别的选区工具定义选区）作为源图像区域，如图5-25（a）所示。将光标放入选区内，待光标变为"修补工具"形状时，单击并拖动鼠标至图5-25（b）所示位置。释放鼠标，源图像（玻璃杯）被目标区域（泥土）的图像覆盖并自然融合，取消选区后的效果如图5-25（c）所示。

（a）   （b）   （c）

图5-25　使用"修补工具"修复图像

💡 **小技巧**

修补工具选择图像的方法与"套索工具"完全相同，当然也可以使用其他选择工具制作更为精准的选择区域。

任务拓展

打开本书配套素材文件"素材2""素材3"进行操作，将"素材2"定义为图案，然后在人物上衣部位创建选区，如图5-26（a）所示。选择图案图章工具，然后在其工具属性栏中设置参数，如图5-26（b）所示，接着将光标移至上衣图像选区内，按住鼠标左键不放并拖动即可在选区内绘制出图像，图像同时保持着原来的明暗关系，如图5-26（c）所示。

 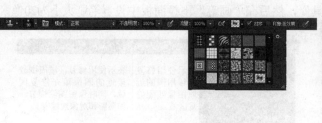 

（a）   （b）   （c）

图5-26　使用图案绘画

相关知识

一、使用图章工具组

图章工具组包括"仿制图章工具" 🔳 和"图案图章工具" 🔳，如图5-27所示。

图5-27　图章工具组

1. 仿制图章工具

利用"仿制图章工具" 🔳 可以将使用笔刷取样的图像区域复制到同一幅图像的不同位置或另一幅图像中，通常用来去除照片中的污渍、杂点或复制图像等。

2. 使用图案图章工具

利用"图案图章工具" 🔳 可以用系统自带的或者用户自定义的图案绘画。"图案图章工具"属性栏如图5-28所示。

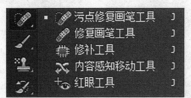

图5-28　"图案图章工具"属性栏

- 图案：单击图案右侧的按钮，可从弹出的下拉列表中选择系统默认或用户自定义的图案。
- 印象派效果：勾选该复选框 印象派效果 ，在绘制图像时将产生类似于印象派艺术画效果。
- "对齐"复选框：默认状态下，该复选框处于勾选状态，表示设置取样点后，通过连续单击或拖动的方式复制取样处图像时，取样点将随着单击或拖动位置的变化而变化，但与初始取样点保持一定的对齐关系；若取消勾选该复选框，则在不重新设置取样点的情况下，将一直从初始取样点复制图像。
- "样本"下拉按钮：单击后可以从该下拉列表中选择"当前图层""当前和下方图层""所有图层"，它们分别表示只对当前图层、当前图层和其下方图层以及所有可见图层中的图像进行取样。

二、使用修复工具组

修复工具包括"修复画笔工具""污点修复画笔工具""修补工具""内容感知移动工具""红眼工具"，如图5-29所示。

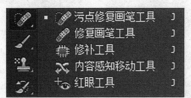

图5-29　修复工具组

1. 修复画笔工具

使用"修复画笔工具" 可以清除图像中的杂质、污点等。在修复图像时，"修复画笔工具" 的用法与图章工具组一样，也是进行取样复制或使用图案进行填充，不同的是，"修复画笔工具" 能够对取样点的图像自然融入到目标位置，使被修复的图像区域和周围的区域完美融合。

2. 污点修复画笔工具

使用"污点修复画笔工具" 可以快速去除照片中的污点和其他不理想的部分，它的工作方式与"修复画笔工具" 相似，不同之处是"污点修复画笔工具" 可以自动从所修复区域的周围取样，而无须定义取样点。

3. 修补工具

"修补工具" 也是用来修复图像的，其作用、原理和效果与"修复画笔工具" 相似，但它们的使用方法有所区别："修补工具" 是基于选区修复图像的，在修复图像前，必须先制作选区。

4. 内容感知移动工具

使用"内容感知移动工具" 将选中的对象移动或扩展到图像的其他区域后，可以重组和混合对象，产生出新的视觉效果。

5. 红眼工具

"红眼工具" 用于修复相片中的红眼现象。该工具的使用方法很简单，选中工具后，在相片中的红眼上单击即可修复红眼。

任务三 修饰人物照片——修饰图像

任务描述

下面通过为人物美容来学习修复工具组中工具的用法。图5-30所示为人物美容前后的效果对比。

图5-30 人物美容前后的效果对比

任务实施

步骤1 打开"素材5"图像文件，首先去除人物脸上的污点。选择工具箱中的"污点修复画笔工具"，在工具属性栏中设置其属性，如图5-31所示。

图5-31 "污点修复画笔工具"属性栏

步骤2 设置好属性栏后，将鼠标移至人物面部的污点处，单击污点即被去除，如图5-32（a）和图5-32（b）所示。使用同样的方法，继续将人物面部、脖子等处污点去除，其最终效果如图5-32（c）所示。

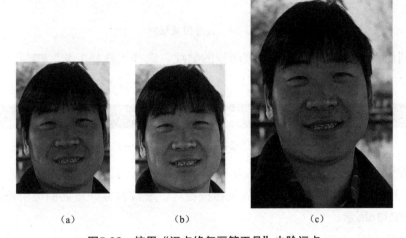

（a）　　　　　　　（b）　　　　　　　　　（c）

图5-32 使用"污点修复画笔工具"去除污点

小技巧

设置画笔的大小需要比污点略大。

步骤3 使用"缩放工具"将人物鼻梁区域放大，选择"修复画笔工具" ，在工具属性栏中设置好参数，如图5-33所示。按住【Alt】键的同时在没有皱纹的皮肤上单击，定义取样，如图5-34（a）所示，松开【Alt】键，在人物鼻梁的皱纹处按住鼠标左键拖动涂抹，释放鼠标后皱纹去除，如图5-34（b）所示。

图5-33 "修复画笔工具"属性栏

(a) (b)

图5-34 去除鼻梁皱纹

步骤4 利用"修补工具" 去除大面积的皱纹。选择"修补工具" 后,在其工具属性栏中设置属性,如图5-35所示。

图5-35 "修补工具"属性栏(一)

步骤5 设置好属性栏后,在图像人物眼角处的皱纹上创建选区,然后在选区内按住鼠标左键不放并向没有皱纹的区域拖动,释放鼠标按键后,皱纹被完好皮肤图像所覆盖。取消选区后,其效果如图5-36所示。

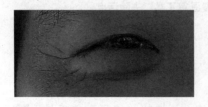 

图5-36 去除眼角皱纹

步骤6 为人物美白牙齿。选择工具箱中的"减淡工具" ,在其属性栏中设置相关参数,如图5-37所示。

图5-37 "减淡工具"属性栏

步骤7 设置好属性后,在人物的牙齿上按住鼠标左键不放并拖动进行涂抹,释放鼠标按键后,即可使牙齿变白,效果如图5-38所示。

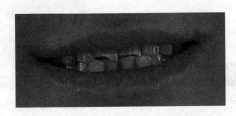 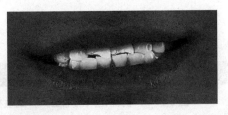

图5-38 美白牙齿前后

步骤8 为人物修饰头发。选择"加深工具" ,在其工具属性栏中设置好画笔直径为300像素的柔边笔刷,并将"曝光度"调整为30%,如图5-39所示。

步骤9 设置好属性后,将鼠标移至人物头发处,按住鼠标左键不放并拖动进行涂抹,至满意效果后释放鼠标按键,人物的头发就修饰好了,如图5-40所示。

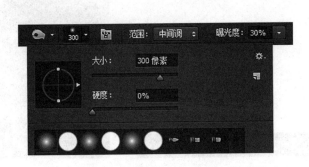 

图5-39 "加深工具"属性栏 图5-40 修饰头发颜色

步骤10 从图5-40中可以看出,利用"加深工具" 修饰头发后效果比较生硬,下面使用"历史记录画笔工具"还原头发的质感。

步骤11 选择"历史记录画笔工具" ,在工具属性栏中设置直径为150像素的柔边笔刷,"模式"为正常,"不透明度"为10%,流量为100%,如图5-41所示。

步骤12 设置好属性后,在图像窗口中人物的头发处按住鼠标左键不放并拖动进行涂抹,顺着头发的纹理,还原头发的质感,如图5-42所示。在涂抹过程中可根据实际情况调整笔刷大小。

图5-42 还原头发质感

图5-41 "历史记录画笔工具"属性栏

步骤13 使用"海绵工具" 提亮人物嘴唇颜色。选择工具箱中的"海绵工具" ，在其工具属性栏中设置参数，如图5-43所示。

步骤14 设置好属性后，在图像窗口中人物的嘴唇处按住鼠标左键不放并拖动进行涂抹，提亮人物嘴唇的颜色，如图5-44所示。

图5-44 提亮嘴唇颜色

图5-43 "海绵工具"属性栏

小技巧

设置笔刷大小时，将其设置得比要修复的污点稍大一些，这样只需要单击一次即可覆盖整个污点，而无须使用涂抹的方式。

任务拓展

打开本书提供的"头像"素材文件，修改人像脸部的黑斑及双下巴，制作图5-45所示的修饰效果图像。

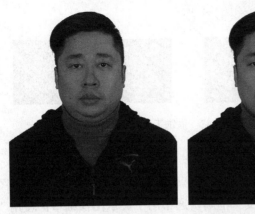

图5-45　人像修饰前后对比

相关知识

一、修补工具

"修补工具" 属性栏中各选择的意义如下。

- "内容识别"：在该模式下得到的图像是目标图像复制到源图像区域后边缘与四周图像相融合的结果。
- "适应"：用来设置图像修补的精度。在"修补"下拉列表中选择"正常"时，"修补工具"属性栏如图5-46所示。

图5-46　"修补工具"属性栏

- "正常"：在该模式下得到的图像是源图像与目标图像相混合而得到的结果。
- "源"单选按钮：选中该单选按钮后，如果将源图像选区拖至目标区，源选区内的图像将被目标区域的图像覆盖。
- "目标"单选按钮：选中该单选按钮后，如果将源图像选区拖至目标区，目标区的图像将被源选区内的图像覆盖。
- "使用图案"按钮：制作选区后，该按钮被激活，在右侧的图案下拉列表中选择一种预设或用户自定义图案，单击该按钮，可用选定的图案覆盖选定区。
- "透明"：勾选该选项后，可以使修补的图像与原图像产生透明的叠加效果。
- "修补"：用来设置修补方式。如果选择"源"，当将选取拖动到要修补的区域以后，放开鼠标就会用当前选区中的图像修补原来选中的内容；如果选择"目标"，则会将选中的图像复制到目标区域。

二、使用润饰工具组

润饰工具组包括"模糊工具"、"锐化工具"、"涂抹工具"、"减淡工具"

"加深工具"  和"海绵工具" ，如图5-47所示。

图5-47 润饰工具组

1.模糊、锐化和涂抹工具

使用"模糊工具" 可以局部模糊图像，即模糊次要的物体以将主体图像更突出；使用"锐化工具" 可以使模糊的图像变得清晰，通常用于显示图像细节；使用"涂抹工具" 可以用鼠标向拖移的方向延展颜色，模拟出类似手指拖过湿颜料时的效果。

图5-48 "模糊工具"属性栏

"模糊工具"属性栏中各选项的意义如下：

- 模式：在"模式"下拉列表中可以设置绘画模式，包括"正常""变暗""变亮""色相""饱和度""颜色""亮度"。
- 强度：数值的大小可以控制模糊的程度。
- 对所有图层取样：选中"对所有图层取样"复选框，即可使用所有可见图层中的数据进行模糊或锐化；未选中"对所有图层取样"复选框，则只使用现有图层中的数据进行模糊。

2.减淡、加深和海绵工具

使用"减淡工具" 和"加深工具" 可以改变图像的曝光度，从而使图像中的某个区域提亮或加深；"海绵工具" 可以修改图像的饱和度。

图5-49 "减淡工具"属性栏

"减淡工具"属性栏中的各选项的意义如下：

- 阴影：修改图像的低色调区域。
- 高光：修改图像的高亮区域。
- 中间调：修改图像的中间色调区域，即介于阴影和高光之间的色调区域。
- 曝光度：定义曝光的强度，值越大，曝光度越大，图像变亮的程度越明显。

图5-50 "海绵工具"属性栏

"海绵工具"属性栏中的各选项的意义如下：

- 模式：通过下拉列表设置绘画模式，包括"去色"和"加色"两个选项。
- 去色：选择"去色"工作模式时，使用海绵工具可以降低图像的饱和度，使图像中的灰度色调增加；若是灰度图像，则会增加中间灰度色调。
- 加色：选择"加色"工作模式时，使用海绵工具可以增加图像颜色的饱和度，使图像中的灰度色调减少；若是灰度图像，则会减少中间灰度色调颜色。
- 流量：可以设置饱和度的更改效率。
- 自然饱和度：选中"自然饱和度"复选框，可以在增加饱和度时，防止颜色过度饱和而出现溢色。

三、使用历史记录画笔工具组

历史记录画笔工具组包括"历史记录画笔工具" 和"历史记录艺术画笔工具" ，如图5-51所示。

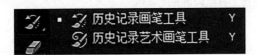

图5-51　历史记录画笔工具组

1. 历史记录画笔工具

使用"历史记录画笔工具" 可以将图像还原到最初的编辑状态，与普通的撤销操作不同的是，图像中未被"历史记录画笔工具" 涂抹过的区域保持不变。

2. 历史记录艺术画笔工具

使用"历史记录艺术画笔工具" 可以将图像编辑中的某个状态还原并做艺术化处理，其使用方法与"历史记录画笔工具" 完全相同。

任务四　制作房地产广告——擦除和填充图像

任务描述

在橡皮擦工具组中共有3种擦除工具，分别是"橡皮擦工具" 、"背景橡皮擦工具" 和"魔术橡皮擦工具" ，其主要功能是擦除图像中多余的部分。填充工具组包括"渐变工具" 和"油漆桶工具" ，如图5-52所示。下面通过制作图5-53所示的房地产广告来学习橡皮擦工具组和填充工具组中各工具的使用方法。

图5-52　橡皮擦工具组和填充工具组　　　　　　　　图5-53　房地产广告效果图

任务实施

步骤1　新建文件，参数设置如图5-54所示。打开"素材6"图像文件，如图5-55所示。

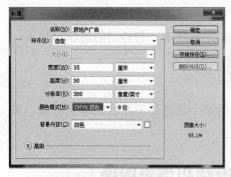

图5-54　设置文件参数　　　　　　　　　　　图5-55　打开素材文件

步骤2　选择工具箱中的"魔术橡皮擦工具" ，在工具属性栏中设置"容差"值为65，如图5-56所示。

图5-56　"魔术橡皮擦工具"属性栏

步骤3　设置好属性后，将鼠标移至图像窗口中的天空处，单击将其擦除，继续将素材图像中的湖水部分擦除，将图像放大显示，看到图像中有部分区域未被擦除，选择"橡皮擦工具" ，在其工具属性栏中设置笔刷大小为90像素，然后在要擦除的区域拖动鼠标将其擦除，如图5-57所示。

图5-57 使用"魔术橡皮擦工具"擦除图像

步骤4 依次按【Ctrl+A】组合键全选,按【Ctrl+C】组合键复制楼盘图像,然后切换到"房地产广告.psd"图像窗口中,按【Ctrl+V】组合键将楼盘图像粘贴到该文件中,并摆放在合适的位置,如图5-58所示。

图5-58 复制图像

步骤5 打开"素材7"文件,选择"背景橡皮擦工具" ,设置其工具属性栏参数,如图5-59所示。

图5-59 "背景橡皮擦工具"属性栏

步骤6 设置好属性后,在白色背景图像上按住鼠标左键不放并拖动进行涂抹。因为在工具属性栏中勾选了"保护前景色"复选框(也就是保护石狮子的颜色),所以即便是在石狮子上涂抹,也不会使其受影响。涂抹完成后,石狮子图像就从背景中扣取出来了,效果如图5-60所示。

步骤 7 将石狮子图像复制到"房地产广告.psd"图像窗口中，并放置在合适的位置上，效果如图5-61所示。

图5-60 抠取石狮子图像

图5-61 复制石狮子图像

步骤 8 按【F7】键打开"图层"面板，选择"背景"图层，然后单击"图层"面板底部的"创建新图层"按钮，在"背景"图层上方新建一个"图层3"，如图5-62所示。

步骤 9 选择工具箱中的"渐变工具" ，在其工具属性栏中选中"线性渐变"，单击"点按可编辑渐变"按钮，打开"渐变编辑器"对话框，如图5-63所示。

图5-62 创建新图层

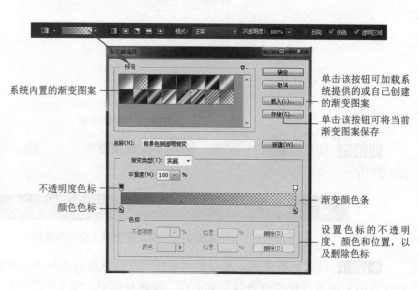

图5-63 "渐变编辑器"对话框

步骤10 将前景色设置为蓝色，颜色值为#4a79ff，使用渐变工具，选择从前景色到透明选项，按住鼠标左键从画面的左上角往右下角拖动，效果如图5-64所示。

步骤11 打开"素材8"图像文件，将文件移动到"房地产广告.psd"文件中，摆放在合适的位置，并将该图层的不透明度修改为80%，如图5-65所示。

图5-64 绘制渐变颜色

图5-65 复制素材文件

步骤12 打开"素材9"图像文件，将文件移动到"房地产广告.psd"文件中，摆放在合适的位置，如图5-66所示。

图5-66 复制素材文件并完成

小技巧

在擦除图像时，按住【Alt】键，可激活"抹到历史记录"功能，相当于选中"抹到历史记录"复选框，这样可以快速恢复部分误擦除的图像。

任务拓展

利用本任务所学内容为照片更换背景，打开"更换背景前"素材，修改后如图5-67所示。

图5-67　更换人物照片背景前后效果对比

相关知识

一、使用橡皮擦工具组

1. 橡皮擦工具的使用

"橡皮擦工具" 的使用方法很简单，选中该工具后，在工具属性栏中设置相关属性，然后在图像窗口中按住鼠标左键不放并拖动，即可擦除图像。其工具属性栏如图5-68所示。

图5-68　"橡皮擦工具"属性栏

- 模式：在其下拉列表中可选择不同的擦除模式。当选择"画笔" 或"铅笔" 时，"橡皮擦工具"属性的设置与"画笔工具" 和"铅笔工具" 笔刷的设置方法基本相同；当选择"块"时，工具形状为方块形，此时无法设置其他属性。
- "抹到历史记录"复选框：选中该复选框，"橡皮擦工具" 的功能将类似于"历史记录画笔工具"，可有选择地将图像操作恢复到指定步骤。

2. 背景橡皮擦工具的使用

"背景橡皮擦工具" 是一个神奇的工具，它可以有选择地将图像中与取样颜色或基准颜色相近的区域擦除成透明效果。该工具比较适合抠取颜色反差较大的图像。

图5-69 "背景橡皮擦工具"属性栏

"背景橡皮擦工具"属性栏中各选项的意义如下：

- 画笔预设管理器：单击将弹出画笔下拉面板，可以在该面板中设置画笔大小、硬度、间距、角度圆度和容差等参数。
- 取样：分别单击3个图标，可以以3种不同的取样模式进行擦除操作。模式：取样连续，在鼠标移动的过程中，随着取样点的移动而不断地取样，此时背景色板颜色会在操作过程中不断变化；模式：取样一次，以第一次擦除操作的取样作为取样颜色，取样颜色不会随着鼠标的移动而发生改变；模式：取样背景色板，以工具箱背景色板的颜色作为取样颜色，只擦除图像中有背景色的区域。
- 限制：用来选择擦除背景的限制类型，包含3种类型：连续、不连续和查找边缘。"不连续"定义所有取样颜色被擦除；"连续"定义与取样颜色相关联的区域被擦除；"查找边缘"定义与取样颜色相关的区域被擦除，保留区域边缘锐利清晰。
- 容差：用于控制擦除颜色区域的大小。容差数值越大，擦除的范围就越大。
- 保护前景色：选中"保护前景色"复选框，可以防止擦除与前景色颜色相同的区域，从而起到保护某部分图像区域的作用。

3. 魔术橡皮擦工具的使用

利用"魔术橡皮擦工具"可以将图像中颜色相近的区域擦除。它与"魔棒工具"的功能和用法相似。

图5-70 "魔术橡皮擦工具"属性栏

"魔术橡皮擦工具"属性栏中各选项的意义如下：

- 容差：用来设置可擦除的颜色范围。
- 消除锯齿：勾选该复选框，可使擦除区域的边缘变得平滑。
- 连续：勾选该复选框，将只擦除与单击区域像素邻近的像素；若未勾选该复选框，则可清除图像中所有相似的像素。
- 对所有图层取样：勾选该复选框，可对所有可见图层中的组合数据采集擦除色样。
- 不透明度：可以设置擦除强度。

二、使用填充工具组

1. 油漆桶工具的使用

"油漆桶工具"主要用于填充图像或选区中与单击处颜色相近的区域。使用该工具对图像区域进行填充时，只能使用前景色或图案，不能使用背景色。选择"油漆桶工具"后，在选区内或图像上单击即可使用所设的前景色或图案填充与单击处颜色相近的区域。"油漆桶工具"属性栏如图5-71所示。

图5-71 "油漆桶工具"属性栏

2. 渐变工具的使用

使用"渐变工具" ■可以在当前图层或选区内填充系统内置或用户自定义的渐变图案。所谓渐变图案，就是具有多种过渡颜色的混合色。这个混合色可以是前景色到背景色的过渡，也可以是背景色到前景色的过渡，或其他颜色间的过渡。

"渐变工具" ■属性栏如图5-72所示，用户可以从中选择和编辑渐变图案，设置渐变类型、渐变图案的色彩混合模式和不透明度。

图5-72 "渐变工具"属性栏

"渐变工具" ■属性栏中有五种渐变模式：线性渐变、径向渐变、角度渐变、对称渐变、菱形渐变。

- 反向：若选中此项可将渐变图案反向。
- 仿色：选择该选项可使渐变色彩过度的更加柔和、平滑。
- 透明区域：该选项用于关闭或打开渐变图案的透明度区域。

小　结

通过本单元内容的学习，读者应该重点掌握以下内容：

- 掌握对图像进行局部修饰时常用的工具，以及图像编辑工具。
- 大多数绘图和修饰工具只对当前图层中的图像进行操作，如果在图像中创建了选区，则是针对当前图层选区内的图像。
- "仿制图章工具""修复画笔工具""污点修复画笔工具"和"修补工具"通常用来去除图片中的瑕疵。

- 使用"图案图章工具"可以用系统自带的或者用户自定义的图案绘画。
- 使用"历史记录画笔工具"时，需要先设置"历史记录画笔的源"，然后通过涂抹方式将涂抹过的区域恢复到"历史记录画笔的源"状态。
- 使用"油漆桶工具"可以为图像填充颜色；使用"渐变工具"可以为图像填充渐变图案，应熟练掌握渐变编辑器的使用方法。

练 习

一、多项选择题

1. 在 Photoshop 拾色器中，可以使用（　　）颜色模式。

　　A. HSB 颜色模式　　　B. RGB 颜色模式　　　C. CMYK 颜色模式　　　D. Lab 颜色模式

2. 橡皮擦工具主要有（　　）模式供选择。

　　A. 画笔　　　　　　　B. 面　　　　　　　　C. 块　　　　　　　　D. 铅笔

3. 画笔颜色抖动设定主要有（　　）选项。

　　A. 色相抖动　　　　　B. 饱和度抖动　　　　C. 亮度抖动　　　　　D. 纯度

4. "修复画笔工具"中，按（　　）键定义修复图像的源点。

　　A.【Shift】　　　　　B.【Alt】　　　　　　C.【Ctrl】　　　　　　D.【Delete】

5. （　　）可以将图案填充到选区。

　　A. 橡皮工具　　　　　B. 图章工具　　　　　C. 喷枪工具　　　　　D. 选区工具

6. （　　）主要用来修复图像的污点。

　　A. 图像修补工具　　　B. 仿制图章工具　　　C. 橡皮工具　　　　　D. 修复画笔工具

7. 选择"编辑"→"变换"→（　　）命令，可以编辑图像水平镜像效果。

　　A. 垂直镜像　　　　　B. 变形　　　　　　　C. 水平翻转　　　　　D. 透视

二、操作题

1. 绘制图 5-73 所示图形。

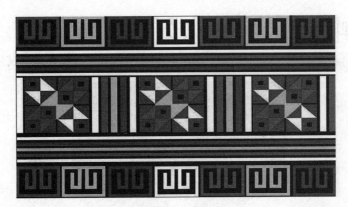

图5-73　效果图

单元 ⑥ 文字工具与矢量工具

Photoshop CC是一款功能强大的位图绘制软件，同时它也具备绘制矢量图形的功能，用户可以使用"文字工具""钢笔工具""矩形工具"等创建矢量图形。PS的矢量工具基本满足简单的矢量绘图，这些矢量图形放大不失真，可重复打印成各种尺寸，还可以将路径图形导入到矢量软件中进行再创作。本单元将通过三个任务引导读者学习Photoshop CC软件的文字工具和矢量工具的操作技巧，帮助读者学会绘制矢量图形，进一步提高软件操作技巧。

学习目标：

• 掌握文字的创建、编辑与效果制作
• 掌握路径的创建与编辑
• 掌握钢笔工具创建路径和形状技巧
• 掌握各类形状工具的应用

任务一 文字的创建、编辑、效果制作

文字工具是Photoshop CC用以输入文字和创建文字选区的常用工具，掌握文字工具的基本操作，可以对文字属性进行基本设置。

🖥️ 任务描述

启动Photoshop CC软件，制作图6-1所示的发光灯箱文字效果，并保存为"发光灯箱文字.jpg"。

图6-1 发光灯箱文字效果

任务实施

步骤 1 启动Photoshop CC软件，选择"文件"→"新建"命令（或者按【Ctrl+N】组合键），在"新建"对话框中设置"宽度"为800像素、"高度"为600像素、"分辨率"为72像素/英寸、"颜色模式"为RGB颜色、"背景内容"为白色，单击"确定"按钮，如图6-2所示。

步骤 2 使用默认的"黑色"前景色 ，选中"背景"图层，使用"油漆桶工具"（或者按【Alt+Delete】组合键）为"背景"图层填充黑色，效果如图6-3所示。

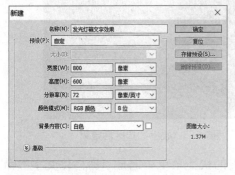

图6-2 新建文件

图6-3 填充"背景"图层

步骤 3 选择"横排文字工具" ，在属性栏中设置"字体"为 Segoe Script 、"字号"为60点、居中对齐文本、"文本颜色"为橘红色（R:255，G:79，B:25），如图6-4所示。

图6-4 "横排文字工具"属性栏

步骤 4 单击"图层"面板底部的 按钮（或者按【Ctrl+Shift+Alt+N】组合键）新建"图层1"。在画布中心偏上的位置单击，出现闪动的竖线后，输入英文字符"EXCHANGE OFFICE"，注意在"EXCHANGE"与"OFFICE"中间添加换行，如图6-5所示。

步骤 5 选择"窗口"→"字符"命令（或者在文字工具属性栏中单击 按钮），打开"字符/段落"面板，如图6-6所示。

图6-5 输入文字

图6-6 "字符/段落"面板

步骤 6 在"字符/段落"面板中设置字符间距 为50。

步骤7 按住【Ctrl】键不放，单击"文字图层"前方的"图层缩略图"，将文字字符载入选区，如图6-7所示。

步骤8 选择"选择"→"修改"→"收缩"命令，在弹出的对话框中设置"羽化半径"为2像素，如图6-8所示。

图6-7　文字字符载入选区　　　　　　　图6-8　"收缩"选区后效果

步骤9 在"图层"面板中，右击文字图层，在弹出的快捷菜单中选择"栅格化文字"命令，按【Delete】键，然后再按【Ctrl+D】组合键取消选区，即可得到一个镂空的字体效果，如图6-9所示。

步骤10 选择"图层"→"图层样式"命令（或者双击文字图层），打开"图层样式"对话框，如图6-10所示。

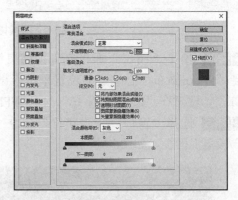

图6-9　"镂空"字体效果　　　　　　　图6-10　"图层样式"对话框

步骤11 在"图层样式"对话框中选择"外发光"样式，"混合模式"选择"变亮"，"不透明度"设置为19%，颜色设置为橘红色（R：255，G：79，B：25），在"图素"区域设置"方法"为"柔和"，"扩展"为32%，"大小"为16像素，单击"确定"按钮，如图6-11所示。

步骤12 选择形状工具组中的"自定形状工具"，在属性栏中选择"➡"形状，如图6-12所示，将填充颜色设置为纯色填充，颜色设置为与字体颜色一致。在画布中合适的位置拖动生成一个"箭头"形状。

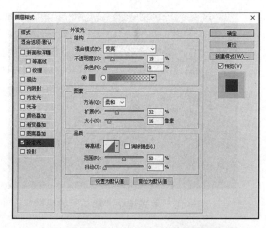

图6-11 "外发光"样式设置   图6-12 选择箭头形状

步骤13 选择形状图层，选择"编辑"→"自由变换"命令（或者按【Ctrl+T】组合键调出定界框），将"箭头"旋转到垂直方向、箭头向下，并缩放到合适的大小，如图6-13所示。

步骤14 按住【Ctrl】键不放，单击"形状1图层"前方的"图层缩略图"，将形状载入选区。选择"选择"→"修改"→"收缩"命令，在弹出的对话框中设置"羽化半径"为2像素，如图6-14所示。

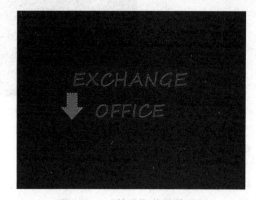

图6-13 添加"箭头"后的效果图   图6-14 "箭头"收缩效果图

步骤15 在"图层"面板中右击形状1图层，在弹出的快捷菜单中选择"栅格化图层"命令，按【Delete】键，然后再按【Ctrl+D】组合键取消选区，即可得到一个镂空的"箭头"，如图6-15所示。

步骤16 选择"图层"→"图层样式"命令（或者双击文字图层），打开"图层样式"对话框，选择"外发光"样式，"混合模式"选择"变亮"，"不透明度"设置为19%，颜色设置为橘红色（R: 255，G: 79，B: 25），在"图素"区域设置"方法"为"柔和"，"扩展"为32%，"大小"为16像素，单击"确定"按钮，如图6-16所示。

图6-15　镂空箭头　　　　　　　　　图6-16　发光镂空"箭头"效果图

步骤17 复制形状1图层，得到"形状1"拷贝图层，将"形状1"拷贝图层移动到合适的位置。使用"裁剪工具" ，在属性栏中选择"16：9"比例，对画布进行裁剪，注意将文字放在画布中间位置。最终效果图如图6-17所示。

图6-17　最终效果图

任务拓展

打开本书提供的素材文件，制作图6-18所示的图像，并保存为"书页.jpg"。巩固练习使用"文字工具"创建文字。

图6-18　书页

相关知识

一、文字工具属性栏

Photoshop CC中提供了4种输入文字的工具，分别是横排文字工具▥、直排文字工具 ▥、横排文字蒙版工具▥和直排文字蒙版工具▥，如图6-19所示。文字工具是Photoshop经常会用到的工具， 用以输入文字和创建文字选区（快捷键为【T】）。横排文字工具和直排（竖排）文字工具主要用以文字的输入排版，文字蒙版工具主要用以创建选区。

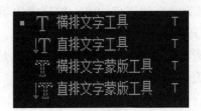

图6-19 文字工具

选择横排文字工具后，在画面中单击，在出现输入光标后即可输入文字，按【Enter】键换行。若要结束输入可按【Ctrl+Enter】组合键，或单击"提交"按钮。

Photoshop将文字以独立图层的形式存放，输入文字后将会自动建立一个文字图层，图层名称就是文字的内容。文字图层具有和普通图层一样的性质，如图层混合模式、不透明度等，也可以使用图层样式。

如果要更改已输入文字的内容，在选择了文字工具的前提下，将鼠标停留在文字上方，点击后即可进入文字编辑状态。编辑文字的方法就和使用通常的文字编辑软件（如Word）一样。可以在文字中拖动选择多个字符后单独更改这些字符的相关设定。需要注意的是如果有多个文字层存在且在画面布局上较为接近，那就有可能单击编辑了其他文字层。遇到这种情况时，可先将其他文字图层关闭（隐藏），被隐藏的文字图层是不能被编辑的。

排列方向决定文字以横向排列（即横排）还是以竖向排列（即直排），因此其实选用横排文字工具还是直排文字工具其实无关紧要，因为随时可以通过按钮来切换文字排列方向。使用时文字层不必处在编辑状态，只需要在"图层"面板中选择即可生效。需要注意的是，即使将文字层处在编辑状态，并且只选择其中一些文字，但该选项还是将改变该层所有文字的方向。也就是说，该选项不能针对个别字符。

"横排文字工具"属性栏可以设置文字的字体、字号等属性设置。

| T | ▥ | 宋体 | | ▥ | 12点 | aa | 无 | ▤▤▤ | ▧ | ▤ |

图6-20 "横排文字工具"属性栏

其中，▥按钮：可将输入完成的文字在水平方向和垂直方向间进行切换。

▥按钮：单击下拉按钮，可以进行字体的选择。在字体选项中可以选择使用何种字体，不同的字体有不同的风格。Photoshop使用操作系统自带字体，因此对操作系统字库的增减会影响Photoshop能够使用到的字体。需要注意的是如果选择英文字体，可能无法正确显示中文。因此输入中文时应使用中文字体。Windows系统默认附带的中文字体有宋体、黑体、楷体等。并且可以为文字层中的单个字符指定字体。

T 12点 按钮：字体大小又称字号，列表中有常用的几种字号，也可手动自行设定字号。字号的单位有"像素""点""毫米"，可在Photoshop首选项的"单位与标尺"项目中更改。单击下拉按钮，可选择文字字号，也可以直接输入数值来调整文字字号。对于网页设计来说，应该使用像素单位。如果是印刷品的设计，则应该使用传统长度单位。

aa 锐利 按钮：用来设置消除文字的锯齿边缘。抗锯齿选项控制字体边缘是否带有羽化效果。一般如果字号较大的话应开启该选项以得到光滑的边缘，这样文字看起来较为柔和。但对于较小的字号来说开启抗锯齿可能造成阅读困难的情况。这是因为较小的字本身的笔画就较细，在较细的部位羽化就容易丢失细节，此时关闭抗锯齿选项反而有利于清晰地显示文字。该选项只能针对文字层整体有效。

■■■■ 按钮：用来设置文字的对齐方式。对齐方向可以让文字左对齐、居中对齐或右对齐，这对于多行的文字内容尤为有用。可以为同一文字层中的不同行指定不同的对齐方式。

■ 按钮：单击即可调出"拾色器（文本颜色）"对话框，用来设置文字的颜色，可以针对单个字符。在更改文字颜色时，如果单击颜色缩览图通过拾色器选取颜色，则效率很低。特别是要更改大量的独立字符时非常麻烦。在选择文字后通过颜色调板来选取颜色则速度较快。如果某种颜色需要反复使用，可以将其添加到"色板"面板中（拾取前景色后，单击"色板"面板下方的"新建"按钮）。需要注意的是，字符处在被选择状态时，颜色将反相显示。

■ 按钮：单击即可打开"变形文字"对话框。需要注意的是其只能针对整个文字图层而不能单独针对某些文字。如果要制作多种文字变形混合的效果，可以通过将文字分次输入到不同文字层，然后分别设定变形的方法来实现。

■ 按钮：单击即可打开"字符"和"段落"面板。

二、输入点文本和段落文本

使用文字工具可以在图像中输入文本或创建文本形状的选区。

输入点文本：选择工具箱中的"横排文字工具"，在属性栏中设置各项参数。在图像窗口中单击，会出现一个闪烁的光标，此时，进入文本编辑状态，在窗口中输入文字。单击属性栏中的"提交当前所有编辑"按钮（或按【Ctrl+Enter】组合键），完成文字的输入。

段落文本：选择工具箱中的"横排文字工具"，在属性栏中设置各项参数。在画布上，按住鼠标左键并拖动，将创建一个定界框，且其中会出现一个闪烁的光标。在定界框内输入文字。按【Ctrl+Enter】组合键，完成段落文本的创建。

段落文本是以"文本框"为界限，想要调整段落文字位置或多少，只要拉动文本框边界点即可。文字输入可自动换行（列），并可设置段落前缩进等文本编辑功能。选择输入文本，适合标题和少量文句，选择输入段落文本，适合大段文章，常用于图文排版。因此在以后的设计中可以根据具体需求选择使用什么样的文字创建方式并可以相互转换。

三、设置文字属性

1. "字符"面板

设置文字的属性主要在"字符"面板中进行。选择"窗口"→"字符"命令，打开"字符"面板，如图6-21所示。

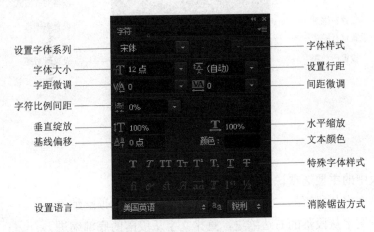

图6-21 "字符"面板

其中，在字体系列下拉列表中单击可以选择一种合适的字体，也可以选择需要更换字体的文字对象，选中某种字体后滚动鼠标中轮，实时观看不同字体的文字效果。

字体样式：在列表中选择字体的样式。部分字体不可进行字体样式的设置。

设置字体大小：在下拉列表中选择预设数值，或者输入自定义数值即可更改字符大小。

设置行距▨：行距就是上一行文字基线与下一行文字基线之间的距离，也就是行间距。同一段落的行与行之间可以设置不同的行距。选择需要调整的文字图层，然后在"设置行距"数值框中输入行距数值或在其下拉列表中选择预设的行距值，接着按【Enter】键即可。

字距微调▨：用来设置两个字符之间的间距，在两个字符间单击，调整参数。在设置时先要将光标插入到需要进行字距微调的两个字符之间，然后在数值框中输入所需的字距微调数量。输入正值时，字距会扩大；输入负值时，字距会缩小。

间距微调▨：选择部分字符时，可调整所选字符间距；没有选择字符时，可调整所有字符间距。

字符比例间距▨：用于设置所选字符的比例间距。比例间距是按指定的百分比来减少字符周围的空间。因此，字符本身并不会被伸展或挤压，而是字符之间的间距被伸展或挤压了。

水平缩放▨：用于调整字符的宽度。

垂直缩放▨：用于调整字符的高度。

基线偏移▨：用于控制文字与基线的距离，可以升高或降低所选文字。输入正值时，文字会上移；输入负值时，文字会下移。

特殊字体样式：用于创建仿粗体、斜体等文字样式，以及为字符添加上下画线、删除线等文字效果。

2.“段落”面板

“段落”面板用于设置段落属性。选择“窗口”→“段落”命令，打开“段落”面板。

图6-22　“段落”面板

“段落”面板中的主要选项说明如下：

左缩进：横排文字从段落的左边缩进，直排文字从段落的顶端缩进。

右缩进：横排文字从段落的右边缩进，直排文字从段落的底部缩进。

首行缩进：用于缩进段落中的首行文字。

任务二　创建、编辑路径

矢量图与位图最显著的差别是位图放大会失真，矢量图放大不会失真，鉴于这个优势，在日常设计应用中时常需要创建矢量图形。想要使用Photoshop CC软件绘制矢量图形，用户需要了解在Photoshop CC中关于路径的概念、基本元素、创建路径、编辑路径以及对路径进行填充或描边等知识。

任务描述

在产品竞争激烈的当下，好的广告设计是吸引消费者注意力的得力帮手。某香水公司推出今年的春季新品，核心消费群是中青年女性，为了推广新品需要制作系列广告。桃花香水的广告语出自《诗经·周南·桃夭》，契合桃花香调的主题，使产品充满美好想象的空间张力；广告颜色选择与桃花相近的粉红色，使版面设计既突出产品，又清新干净。

启动Photoshop CC软件，打开本书提供的素材文件，制作图6-23所示的香水广告图像，练习“钢笔工具”的一些使用技巧，了解如何使用“钢笔工具”创建路径，如何编辑调整路径，以及如何实现路径与选区的转换，同时巩固练习使用“文字工具”创建和编辑文字。最后将文件保存为“歌尽桃花香水广告.jpg”。

图6-23 歌尽桃花香水广告

任务实施

步骤 1 启动Photoshop CC软件，选择"文件"→"打开"命令（或者按【Ctrl+O】组合键），选择素材"任务二：香水"，打开文件，如图6-24所示。

图6-24 打开素材文件

步骤 2 选择"钢笔工具" ，设置"钢笔工具"属性栏中的"工具模式"为路径，使用"钢笔工具"创建香水瓶路径，在香水瓶边缘确定一个锚点，隔一段距离再创建一个锚点，锚点与锚点之间形成直线路径，如图6-25所示。

步骤3 使用"钢笔工具"单击确定锚点，隔一段距离再创建一个锚点并拖动鼠标，锚点与锚点之间形成曲线路径，如图6-26所示。

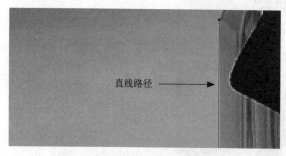

图6-25 钢笔工具绘制直线路径

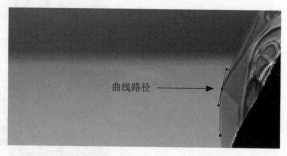

图6-26 钢笔工具绘制曲线路径

步骤4 选择"缩放工具" 和"抓手工具" ，将图片放大至合适的尺寸，以便使用"钢笔工具"在香水瓶细节之处绘制路径，如图6-27所示。

步骤5 直线路径与曲线路径相结合，按照步骤2~步骤4的方法创建完整的香水瓶身路径。当鼠标变成 图标时，表示起点与终点重合，单击可创建封闭路径，按照这样的方式完成香水瓶路径的绘制，如图6-28所示。

图6-27 放大图像

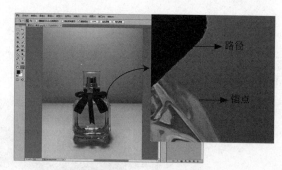

图6-28 创建路径

步骤6 使用"转换点工具"和"直接选择工具"优化调整路径。选择"转换点"工具 ，单击"角点"并拖动，可以将其转换为"平滑点"，如图6-29所示。选择"直接选择工具" ，用以调整锚点的位置和平滑点的方向线，细心微调路径，使路径更贴合香水瓶身。

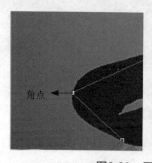

图6-29 平滑点转换

步骤7 按照步骤6的方法调整锚点，优化香水瓶路径，以达到绘制出完整香水瓶身路径的目的，如图6-30所示。

图6-30 创建完整封闭路径

步骤8 打开"路径"面板，如图6-31所示。单击面板右上角▤按钮，在弹出的面板菜单中选择"建立选区"命令，弹出图6-32所示的"建立选区"对话框，设置"羽化半径"为3像素，单击"确定"按钮（或按【Ctrl+Enter】组合键将路径直接转换为选区，然后再羽化选区）。

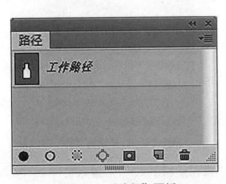

图6-31 "路径"面板

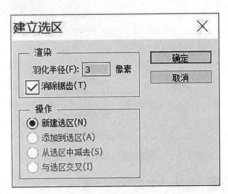

图6-32 "建立选区"对话框

步骤9 新建图层1，将香水瓶复制到图层1，选择"套索工具"◯，选取香水瓶装饰丝带内部，按【Delete】键删除该区域，如图6-33所示，按【Ctrl+D】组合键取消选区。选择"文件"→"存储为"命令（或者按【Ctrl+Shift+S】组合键），选择文件"保存类型"为PNG，命名为"香水素材.PNG"，完成"香水素材"的准备工作。

步骤10 选择"文件"→"打开"命令，选择素材"任务二：桃花"，打开文件。使用相同的方法创建路径，如图6-34所示。

图6-33 删除多余部分

图6-34 绘制桃花路径

步骤11 执行"建立选区",设置"羽化半径"为30像素。新建图层1,将桃花复制到图层1,并将文件存储为"桃花素材.PNG",完成"桃花素材"的准备工作,如图6-35所示。

步骤12 选择"文件"→"打开"命令,选择素材"任务二:背景",打开文件。选择"文件"→"存储"命令(或者按【Ctrl+S】组合键),选择文件"保存类型"为PSD,命名为"歌尽桃花香水广告",如图6-36所示。

图6-35 制作"桃花素材"

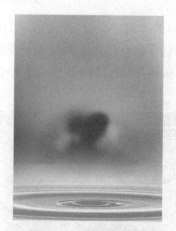

图6-36 打开素材文件

步骤13 选择"文件"→"置入"命令,选择"桃花素材.PNG",置入文件。

步骤14 按【Ctrl+T】组合键调出定界框,调整图像至合适大小,按【Enter】键确认自由变换,调整素材位置,如图6-37所示。

步骤15 选中该图层,选择"图层"→"栅格化"→"智能对象"命令,将"桃花素材"图层栅格化。

步骤16 为了使桃花与背景更好地融合,选择"图像"→"调整"→"曲线"命令,打开"曲线"对话框,选择"红色通道",调整"桃花素材"颜色,使其与背景颜色相匹配,如图6-38所示。或直接在"调整"面板中单击"曲线"按钮,添加"曲线"调整效果。

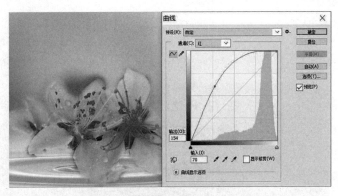

图6-37 调整"桃花素材" 　　　图6-38 调整"桃花素材"图层颜色

步骤17 单击"橡皮擦工具" ，设置橡皮擦"大小"为120像素，"硬度"为0%，不透明度为80%，如图6-39所示，擦除桃花边缘，使其进一步融合于背景。

步骤18 选择"文件"→"置入"命令，选择"香水素材.PNG"，置入文件。按【Ctrl+T】组合键调出定界框，调整图像至合适大小，按【Enter】键确认自由变换。选中该图层，选择"图层"→"栅格化"→"智能对象"命令，将"桃花素材"图层栅格化。

步骤19 选择"图像"→"调整"→"曲线"命令，选择"RGB通道"，调整"香水素材"颜色，如图6-40所示。或直接在"调整"面板中单击"曲线"按钮，添加"曲线"调整效果。

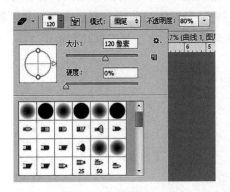

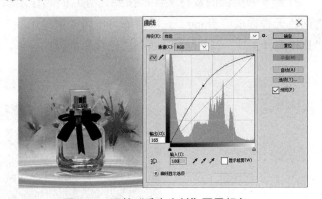

图6-39 设置橡皮工具 　　　　图6-40 调整"香水素材"图层颜色

步骤20 添加文字。单击"文字工具" ，在弹出的工具列表中选择"横排文字工具"，输入文字"PERFUME"，字体设置为Copperplate Gothic Bold，字号设置为24点；输入文字"桃之夭夭"和"灼灼其华"，字体设置为方正正大黑简体，字号设置为36点；输入文字"I lowered the head smell a fragrance"，字体设置为Bradley Hand ITC，字号设置为12点；输入文字"我低下头闻见一阵芬芳"，字体设置为Adobe 黑体Std，字号设置为18点；输入文字"倾心推荐：歌尽桃花"，字体设置为Adobe 黑体Std，字号设置为14点。所有文字图层水平居中对齐，如图6-41所示。

步骤21 选择工具箱中的"矩形工具" ，在弹出的工具列表中选择"直线工具"，按住【Shift】键绘制粗细为"1像素"的水平直线，至于"I lowered the head smell a fragrance"与"我低下头闻见一阵芬芳"文字中间，居中对齐。最终效果如图6-42所示。

图6-41　添加文字

图6-42　添加直线

步骤22 选择"文件"→"存储为"命令（或者按【Ctrl+Shift+S】组合键），选择文件的"保存类型"为jpg，命名为"歌尽桃花香水广告"。

任务拓展

打开本书提供的素材文件，按照任务二的制作步骤，完成图6-43所示的图像绘制，并保存为"国色天香香水广告.jpg"。巩固练习使用"钢笔工具"创建路径，练习使用"路径选择工具"和"直接选择工具"调整路径，练习"路径"面板的操作，练习使用"文字工具"创建和编辑文字。

图6-43　国色天香香水广告

相关知识

一、路径与锚点

路径是由多个节点的矢量线条构成的图像，在Photoshop软件中的路径是不可打印的矢量形状，主要用于勾画图像区域的轮廓。用户可以对路径进行填充和描边，还可以将其转换为选区，如路径在案例"桃之夭夭香水广告"中的应用。

- 路径是由锚点、方向线与方向点组成的曲线，锚点是路径上用于标记关键位置的转换点，如图6-44所示。
- 路径可以是闭合的，也可以是开放的，如图6-45所示。

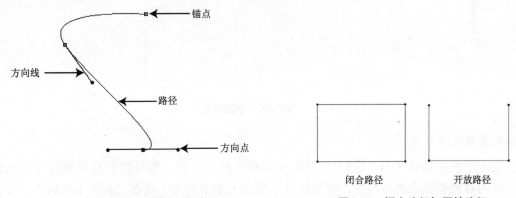

图6-44　路径与锚点　　　　图6-45　闭合路径与开放路径

- 用"钢笔工具"或"形状工具"绘制的路径在"图层"面板中没有体现，它体现在"路径"面板上。选择图层时所使用的"移动工具"也不能用以选择路径，选择路径或锚点时使用"路径选择工具"或"直接选择工具"。

二、调整路径

1.路径选择工具

使用"路径选择工具" 可以选择和移动整个路径，选中路径时可显示该路径以及路径上的所有锚点。

（1）选择单一路径

使用"路径选择工具"单击路径即可选中整个路径，拖动鼠标可移动路径，如图6-46所示。

（2）选择多条路径

使用"路径选择工具"并按住【Shift】键逐一单击路径，可以同时选择多条路径；使用"路径选择工具"直接框选路径也可以同时选择多条路径，如图6-47所示。

图6-46 选择单一路径 　　　　　　　　　　图6-47 选择多条路径

（3）复制路径

使用"路径选择工具"选中路径，按住【Alt】键并拖动鼠标，可以复制路径，如图6-48所示。注意：使用"移动工具"，按住【Alt】键并拖动鼠标，复制的是形状图层。

图6-48 复制路径

2. 直接选择工具

使用"直接选择工具" ![icon] 不仅可以调整整个路径位置，也可以单独调整路径中的锚点位置，还可以调整锚点的方向线。将光标置于锚点上单击可选中锚点，被选中的锚点会变成实心的小正方形，未被选中的锚点则呈现空心小正方形，如图6-49所示。

使用"直接选择工具"选择需要操作的路径上的所有锚点（结合【Shift】键可以同时选择多个锚点，或者直接框选锚点），在路径的任意位置上单击并拖动鼠标，可实现路径的整体移动。

使用"直接选择工具"在需要操作的锚点上单击并拖动鼠标，可调整锚点位置，改变路径的状态，如图6-50所示。

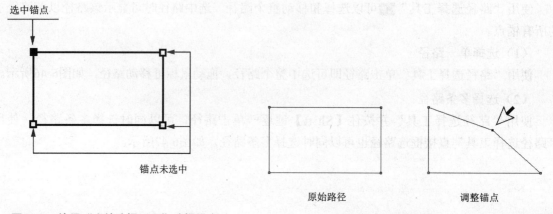

图6-49 使用"直接选择工具"选择锚点 　　　　图6-50 调整锚点

使用"直接选择工具"单击锚点方向线上的控制点，拖动鼠标也可改变路径的状态，如图6-51所示。

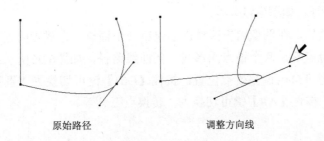

原始路径   调整方向线

图6-51 调整方向线

使用"直接选择工具"选中锚点，按【Delete】键，可以清除路径，使原封闭路径变为开放路径。注意比较这种删除锚点的效果与"删除锚点工具"之间的差别。如图6-52所示，删除六边形路径右上锚点。

原始路径   通过"删除锚点工具"删除锚点   按【Delete】键消除路径

图6-52 删除锚点与清除路径

三、钢笔工具

钢笔工具组（见图6-53）可以实施绘制路径、形状、添加或删除锚点、实现角点和平滑点的相互转换等操作。

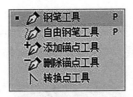

图6-53 钢笔工具组

"钢笔工具" ![](快捷键为【P】）用于绘制自定义的形状或路径。选择"钢笔工具"，在其属性栏中设置相应的工具模式，即可在画布中绘制形状或路径。"钢笔工具"绘制的路径具有矢量属性，也就是说，它可以任意缩放而不会影响清晰度。

1. 钢笔工具绘制路径

使用"钢笔工具"绘制路径时，首先在"钢笔工具"属性栏中选择工具模式为"路径" ![]，可以创建直线路径、曲线路径、开放路径和闭合路径。

- 选择"钢笔工具",在图像编辑区单击创建第一个锚点,在锚点附近再次单击,两个锚点间形成一条直线路径;绘制直线路径时,按住【Shift】键可以绘制水平路径、垂直路径、45°倍数的斜路径,如图6-54所示。

- 选择"钢笔工具",在图像编辑区单击创建第一个锚点,在锚点附近再次单击并拖动鼠标创建一个"平滑点",两个锚点间形成一条曲线路径,如图6-55所示;绘制曲线路径时,按住【空格】键可自由调整落点位置;按住【Ctrl】键可切换为"直接选择工具",调整曲线路径弧度;按住【Alt】键可切换为"转换点工具"。

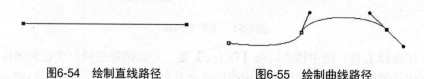

图6-54 绘制直线路径　　　　　　图6-55 绘制曲线路径

- 选择"钢笔工具",在图像编辑区单击创建第一个锚点,逐一单击创建锚点,当最终锚点与起始锚点重合时,钢笔工具的图标变为 ◈,表示此时单击可创建闭合路径,如图6-56所示。绘制的路径起点和终点不重合,则为开放路径。

图6-56 绘制闭合路径

2. 钢笔工具绘制形状

使用"钢笔工具"绘制形状时,首先在"钢笔工具"属性栏中选择工具模式为"形状" ◊ · 形状 ◊ ,在画布中逐步单击,可以绘制开放形状和封闭形状,在"图层"面板中自动生成一个新的形状图层。

使用"钢笔工具"绘制的形状可以在其属性栏 填充: ／ 描边: ／ 3点 ◊ —— 中设置填充色、描边色、描边大小,描边类型等属性,如图6-57所示。填充与描边的内容详解可参见单元六任务三。

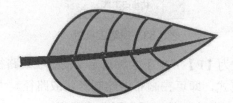

图6-57 钢笔工具绘制形状

示例: 如何使用钢笔工具设计旗袍LOGO?

步骤1 打开旗袍素材文件,选择"钢笔工具",选择工具模式为"形状" ◊ · 形状 ◊ ,使用"钢笔工具"沿着旗袍左侧领子绘制,重命名图层为"左领",如图6-58所示。

步骤2 复制"左领",重命名新复制的图层为"右领"。按【Ctrl+T】组合键,右击选区,在弹出的快捷菜单中选择"水平翻转"命令,使用"移动工具"将"右领"调整到合适位置,如图6-59所示。

图6-58 通过钢笔工具绘制"左领"　　图6-59 编辑调整"右领"

步骤3 使用"钢笔工具"绘制水滴型领口,将图层重命名为"领口",选中"左领""右领""领口"三个图层,将其填充色改为"无填充",描边改为"纯色填充"(白色、8点),如图6-60所示。

步骤4 使用"钢笔工具"仿制素材中的盘扣绘制矢量盘扣,先绘制左侧,将其命名为"左盘扣",通过复制"左盘扣"图层得到"右盘扣",水平翻转并调整位置。在盘扣中心绘制一个圆,如图6-61所示。将绘制的所有形状编为一组,命名为"旗袍"。

图6-60 调整形状的填充和描边　　图6-61 绘制盘扣

步骤5 新建图层,命名为"渐变背景",将其叠放到背景图层之上。选择"渐变工具",设置前景色为(R:75,G:20,B:10),背景色为(R:45,G:10,B:5),选择从前景色到背景色的径向渐变,在画布中拖出渐变效果,如图6-62所示。

步骤6 绘制圆、直线和流云线条,为了使旗袍领子突出,可将旗袍领子填充色改为(R:75,G:20,B:10),(可根据渐变背景调整领子填充色),效果如图6-63所示。

图6-62 创建渐变背景　　图6-63 绘制圆、直线和流云线条

步骤7 选择"直排文字工具"输入文字"蒹葭旗袍",字体设置为"方正姚体"、字号设置为36点、垂直缩放120%,如图6-64所示。保存文件。

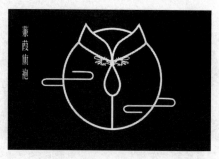

图6-64 输入文字

使用"钢笔工具"时,单击其属性栏中的 ✿ 按钮,勾选"橡皮带"复选框 ☑橡皮带 ,移动钢笔坐标时,会自动生成一根连线连在上一个锚点与钢笔之间,使用户更直观地看清路径的走向。

四、自由钢笔工具

按【Shift+P】组合键,可以在钢笔工具和自由钢笔工具之间切换。

1. 自由钢笔工具的特点

"自由钢笔工具" ✎ 的使用感受更接近于人们日常使用钢笔的感觉,选择"自由钢笔工具",按住鼠标左键不放在画布中拖动,鼠标的运动轨迹会生成路径和锚点。因此,"自由钢笔工具"相比于"钢笔工具"而言,它可以比较快速、随意地创建路径,其操作的自由度更高,如图6-65所示。

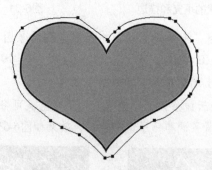

图6-65 自由钢笔工具绘制路径

2. 磁性(自由)钢笔工具

当用户勾选"自由钢笔工具"属性栏中的"磁性的" ☑磁性的 复选框时,可以启用磁性钢笔工具选项,此时使用"自由钢笔工具",它如同"磁性套索工具"一般,对图形轮廓有自动识别和磁吸的效果,使创建路径更加便捷高效,如图6-66所示。

单击"磁性的"复选框左边的▩按钮，可对磁性钢笔工具的"曲线拟合"数值、"磁性的"宽度、对比、频率值进行设置，如图6-67所示。

图6-66　使用"磁性的"自由钢笔工具绘制路径　　图6-67　设置磁性钢笔工具

- "曲线拟合"：数值越大，磁性路径的精度越高，细节越精确；数值越小，路径的细节越少，路径越平滑。
- "宽度"：数值越大，磁性钢笔工具绘制路径时检测边缘的范围越大，反之则越小。
- "对比"：数值越大，磁性钢笔工具绘制路径时检测颜色的对比越大，精度也越大，反之越小。
- "频率"：数值越大，磁性钢笔工具绘制路径时检测颜色的频率越高，精度也越大，反之越低。

五、添加和删除锚点

1. 添加锚点工具

选择"添加锚点工具"▨在路径上单击，可以为路径添加新锚点。

初学者刚使用"钢笔工具"时可能不太适应对于锚点和方向线的控制，在创建路径时可以尝试先确定几个关键锚点，再通过添加锚点和调整锚点的方式来优化路径。

示例：尝试给图6-68中的"小红花"创建路径。

步骤1 选择"钢笔工具"，选择其工具模式为"形状"，简单地在"小红花"上标记几个锚点。标记锚点时拖动鼠标，创建平滑点，如图6-69所示。

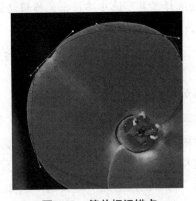

图6-68　小红花　　　　　　　图6-69　简单标记锚点

步骤2 使用"添加锚点工具"为路径添加锚点，使用"直接选择工具"调整锚点位置和方向线，如图6-70所示。

图6-70　添加锚点优化路径

多学一招：绘制完成后，将其属性栏中的"填充"选择为"纯色填充"，给形状添加颜色，将形状图层的混合模式设置为"正片叠底"，即可调整小花颜色，如图6-71所示。可尝试使用不同的颜色和不同的图层混合模式改变小花的颜色。

图6-71　更改小花的颜色

小技巧

使用"路径选择工具"选中路径，光标移动到路径上后右击，在弹出的快捷菜单中选择"添加锚点"命令，可以在光标所在位置添加一个锚点；光标移动到锚点上后右击，在弹出的快捷菜单中选择"删除锚点"命令，可以删除光标所在处的锚点。

2. 删除锚点工具

选择"删除锚点工具" 在锚点上单击，删除该锚点，可以编辑和调整路径。

刚开始使用"钢笔工具"时，很多用户喜欢尽可能多地创建锚点，以为能够精细地绘制路径，但其实这种方式并不利于路径的调整，我们只要在形状起伏的关键点标记锚点即可，其他锚点可以使用"删除锚点工具"将其删除。如图6-72所示，使用四个锚点便能够完成如同左边一样的路径，在调整路径时，只要控制这四个锚点即可。

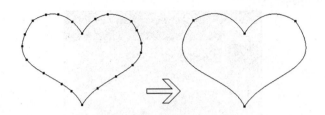

图6-72　删除多余锚点

 小技巧

使用"钢笔工具"时，在其属性栏中勾选"自动添加/删除"复选框 ☑自动添加/删除 之后，将笔尖定位到选定路径上时，会临时变为"添加锚点工具"；定位到锚点上时，会临时变为"删除锚点工具"。

六、转换点工具

使用"转换点工具" 可以实现"角点"和"平滑点"之间的相互转换。

选择"转换点工具"在"角点"上单击，按住鼠标不放并拖动鼠标，可将"角点"转换成"平滑点"，如图6-73所示。

图6-73　"角点"转换成"平滑点"

选择"转换点工具"直接在"平滑点"上单击，可将"平滑点"转换成"角点"，如图6-74所示。

图6-74　"平滑点"转换成"角点"

七、"路径"面板

选择"窗口"→"路径"命令，打开"路径"面板，用户创建的路径可以在"路径"面板中体现。"路径"面板及其各功能示意如图6-75所示。

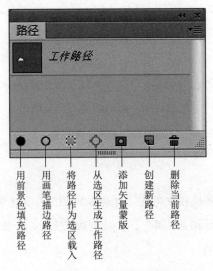

图6-75　"路径"面板

1. 新建路径

方法1：

单击"路径"面板底部的"创建新路径"按钮 🔲 ，可直接创建路径。如图6-76所示，单击
🔲 按钮，创建"路径1"。

单击"创建新路径"按钮 🔲 的同时按住【Alt】键，弹出"新建路径"对话框，在新建路径
时可以更改路径名称，单击"确定"按钮即可，如图6-77所示。

方法2：

单击"路径"面板右上角的面板菜单图标 🔳 ，展开下拉菜单，如图6-78所示，选择"新建路
径"命令，弹出"新建路径"对话框，从而创建新路径。

图6-76　创建新路径

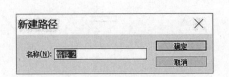

图6-77　"新建路径"对话框

图6-78　"路径"面板菜单

2. 复制路径

方法1：

选中需要复制的路径，将其拖动到"创建新路径"按钮 🔲 上即可；如图6-79所示，选中
"路径1"，将其拖动到 🔲 按钮上，得到复制路径"路径1拷贝"。

方法2：

选中需要复制的路径，单击"路径"面板右上角的面板菜单图标，在展开的菜单中选择"复制路径"命令，打开"复制路径"对话框，如图6-80所示，单击"确定"按钮即可，使用这种方法复制路径时可以直接更改新路径的名称。

 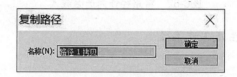

图6-79　复制路径　　　　　　图6-80　"复制路径"对话框

3. 删除路径

方法1：

选中需要删除的路径，单击"删除当前路径"按钮 即可；或将选中路径拖动到"删除当前路径"按钮 上即可。

方法2：

选中需要删除的路径，单击"路径"面板右上角的面板菜单图标，在展开的菜单中选择"删除路径"命令即可。

4. 存储路径

在"路径"面板中双击带有路径的工作路径缩览图，打开"存储路径"对话框，输入名称后单击"确定"按钮可存储当前路径，如图6-81所示。

图6-81　"存储路径"对话框

5. 将路径作为选区载入

方法1：

创建路径，单击"路径"面板中的"将路径作为选区载入"按钮，可以使绘制的路径转换为选区，进行位图操作，如图6-82所示。这也是"钢笔工具"能够作为抠图工具的秘密，基于路径的便捷操作性，使用"钢笔工具"抠图受到很多用户的喜爱。

方法2：

创建路径，单击"路径"面板右上角的面板菜单图标，在展开的菜单中选择"建立选区"命令，打开"建立选区"对话框，如图6-83所示。使用这种方法也可以将路径转化为选区，还能够渲染选区以及对选区进行布尔运算。

选中路径并右击，在弹出的快捷菜单中选择"建立选区"命令，也可打开"建立选区"对话框。

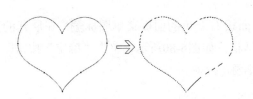

图6-82　将路径作为选区载入　　　　　图6-83　"建立选区"对话框

6. 从选区生成工作路径

方法1：

创建选区，单击"路径"面板中的"从选区生成工作路径"按钮○，可以使绘制的选区转换为路径，自动添加锚点，如图6-84所示。

方法2：

创建选区，单击"路径"面板右上角的面板菜单图标，在展开的菜单中选择"建立工作路径"命令，打开"建立工作路径"对话框，如图6-85所示，单击"确定"按钮即可。其中"容差"的取值范围为0.5～10.0像素，数值越小越保真。

创建选区并右击，在弹出的快捷菜单中选择"建立工作路径"命令，也可打开"建立工作路径"对话框。

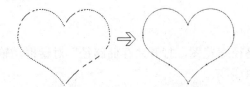
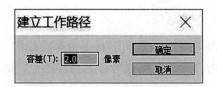

图6-84　从选区生成工作路径　　　　　图6-85　"建立工作路径"对话框

7. 用画笔描边路径

单击"路径"面板中的"用画笔描边路径"按钮○，可以使用"画笔工具"的当前设置对路径进行描边，如图6-86所示。

示例：使用"用画笔描边路径"功能为文字描边。

步骤1 新建文件，输入文字"商贸"，设置字体为"华文琥珀"、大小为100点。

步骤2 使用"魔棒工具"创建选区，单击"从选区生成工作路径"按钮创建路径。

步骤3 选中路径，设置画笔，单击"用画笔描边路径"按钮，即可完成为文字描边，如图6-87所示。

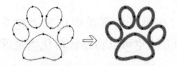

输入文字　　　　载入路径　　　　描边路径

图6-86　用画笔描边路径　　　　　图6-87　创建描边文字

注意，有以下几种情况可能导致"用画笔描边路径"功能无法执行：

①没有选择路径；

②没有选择画笔工具；

③描边路径之前，图层上还有选区。

单击"用画笔描边路径"按钮时，按住【Alt】键可打开"描边路径"对话框，在"工具"下拉列表中选择相应工具，可丰富描边样式，如图6-88所示。

单击"路径"面板右上角的面板菜单图标，在展开的菜单中选择"描边路径"命令，也可打开"描边路径"对话框。

选中路径并右击，在弹出的快捷菜单中选择"描边路径"命令，也可打开"描边路径"对话框。

图6-88　"描边路径"对话框

8.用前景色填充路径

单击"路径"面板底部的"用前景色填充路径"按钮，可以使用当前的前景色对路径进行填充，如图6-89所示。

按住【Alt】键单击"用前景色填充路径"按钮，打开"填充路径"对话框，通过设置选项，可以使用指定的颜色、图像状态、图案填充路径，也可以设置混合模式、羽化半径，如图6-90所示。

单击"路径"面板右上角的面板菜单图标，在展开的菜单中选择"填充路径"命令，也可以打开"填充路径"对话框。

选中路径并右击，在弹出的快捷菜单中选择"填充路径"命令，也可打开"填充路径"对话框。

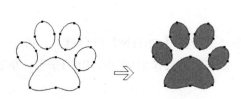

图6-89　用前景色填充路径

图6-90　"填充路径"对话框

任务三　路径应用

在Photoshop CC软件中，用户不仅可以使用"钢笔工具"绘制路径和形状，还可以通过形状工具组创建矢量图形。形状工具一般可分为两类：一类是基本几何体图形的形状工具；一类是图形形状较多样的自定义形状。除了这两类预设形状，用户还可以使用形状的运算达到自定义形状的目的。

任务描述

大学生艺术节能够体现每一所大学独特的文化氛围，能够彰显大学生的青春活力，能够发展大学生的综合素质。如何利用充满创意的宣传海报吸引大学生的注意，成为大学生艺术节开幕的首要任务。"大学生艺术节宣传海报"任务使用黑白和彩色的强烈对比，突出视觉效果。黑白的人像轮廓代表每一位充满无限潜能的大学生，用彩色的形状拼贴的帽子戴在头顶，代表着大学生们的新奇创造力和鲜活生命力。

启动Photoshop CC软件，打开本书提供的素材文件，制作图6-91所示的创意海报，练习形状工具组的应用，了解矩形、椭圆、多边形以及其他自由形状的创建和调整，复习巩固"钢笔工具"和"文字工具"的使用，最后将文件保存为"大学生艺术节宣传海报.jpg"。

图6-91　大学生艺术节宣传海报

任务实施

步骤1　选择"文件"→"新建"命令（或者按【Ctrl+N】组合键），弹出"新建"对话框，设置宽度为210 mm、高度为297 mm、分辨率为72像素/英寸、RGB颜色，单击"确定"按钮，完成画布的创建，如图6-92所示。

步骤2　选择"文件"→"存储为"命令（或者按【Ctrl+Shift+S】组合键），在弹出的对话框中以名称"大学生艺术节宣传海报.psd"保存文件。

步骤3 按【Ctrl+R】组合键调出标尺，在画布正中央快速建立一条垂直居中的参考线，将画布一分为二。

步骤4 选择"矩形工具" 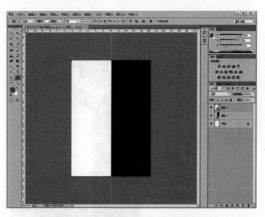，沿参考线创建两个大小相同的矩形，使用"路径选择工具"选中右边"矩形1"，在属性栏中设置"填充" 填充: ■ 为"纯色填充"，颜色为黑色（R: 0，G: 0，B: 0），采用相同的方法给左边"矩形2"填充白色（R: 255，G: 255，B: 255），如图6-93所示。

图6-92 "新建"对话框   图6-93 矩形工具绘制海报背景

步骤5 选择"自由钢笔工具"，在其属性栏中选择工具模式为"形状" ⌀ ·|形状 ◆|，绘制人像侧脸轮廓。无描边，填充白色（R: 255，G: 255，B: 255），将该图层命名为"人像轮廓"，如图6-94所示。

步骤6 复制"人像轮廓"图层，得到"人像轮廓 拷贝"图层，无描边，填充黑色（R: 0，G: 0，B: 0），将其叠放到"人像轮廓"图层之下。按【Ctrl+T】组合键，右击选区，在弹出的快捷菜单中选择"水平翻转"命令，调整"人像轮廓 拷贝"图层的大小及位置，如图6-95所示。

图6-94 绘制右侧人像侧脸轮廓

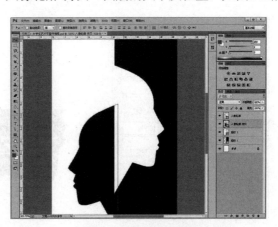

图6-95 绘制左侧人像侧脸轮廓

步骤7 海报中用彩色形状代表年轻活力、丰富多彩的创意。选择形状工具组中的工具绘制矩形、椭圆、多边形和自由形状，绘制三边形时，将其属性栏中的边数设置为"3" 边: 3 。分别为形状填充红色（R：175，G：30，B：30）、绿色（R：40，G：120，B：110）、黄色（R：250，G：200，B：100），按【Ctrl+T】组合键调整形状的大小、方向及位置，根据需要调整形状的填充和描边类型，完成彩色形状编制创意的"帽子"，如图6-96所示。

步骤8 形状较多，为了便于管理可将其编组。选中步骤7中创建的形状图层，按【Ctrl+G】组合键将其编为一组，自动生成的组名为"组1"，双击"图层"面板中的"组1"，将其重命名为"形状ideas"，如图6-97所示。

图6-96 绘制人像轮廓

图6-97 形状图层编组

步骤9 选择"横排文字工具"，输入文字"大学生艺术节"，选择"窗口"→"字符"命令，打开"字符"面板，对该文字图层的设置如图6-98所示。

步骤10 选择"横排文字工具"，输入文字"开幕式时间：2021年5月8日19：00"和"地点：大学生活动中心四楼"，设置文字字体为"华文宋体"，字号为"14点"，如图6-99所示。

图6-98 设置文字

图6-99 载入文字

步骤11 选择"文件"→"置入"命令，选择素材"任务三：学校LOGO"，打开文件，图层名称为"学校LOGO"。

步骤12 按【Ctrl+T】组合键，调出定界框，调整图像大小，并将其置于画布左上位置。选中该图层，选择"图层"→"栅格化"→"智能对象"命令，将"学校LOGO"图层栅格化。

步骤13 完成任务制作，选择"文件"→"存储为"命令（或者按【Ctrl+Shift+S】组合键），选择文件的"保存类型"为jpg，命名为"大学生艺术节宣传海报"。

任务拓展

打开本书提供的素材文件（"任务三：任务拓展-图书馆"），制作图6-100所示的图像，综合练习"矩形工具""椭圆工具""多边形工具""直线工具""文字工具"的应用，最后将文件保存为"新阶段宣传海报.jpg"。

图6-100 新阶段宣传海报

相关知识

一、形状工具选项栏

形状工具组包含"矩形工具""圆角矩形工具""椭圆工具""多边形工具""直线工具""自定形状工具"，如图6-101所示。

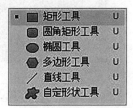

图6-101 形状工具组

小技巧

按【Shift+U】组合键可以快速切换形状工具组中的工具。

形状工具组用于绘制矢量图形，每个形状工具所对应的属性栏基本相同，在此先将基本操作予以讲解，差别之处将在具体工具讲解中予以体现。形状工具属性栏及其功能示意如图6-102所示。

图6-102　形状工具属性栏

1. 填充与描边

形状填色与选区填色不同，形状除了可以设置其填充色，也可以设置其描边色，还可设置描边的宽度和类型，使绘制的矢量形状更具表现力。

形状的填充与描边支持 ▨ ■ ▮ ▨ "无填充" "纯色填充" "渐变填充" "图案填充"四种类型。

（1）无填充

选择"无填充"表示该形状无颜色填充。

（2）纯色填充

选择"纯色填充"表示该形状可以填充颜色，且颜色为单一纯色。用户可以在"纯色填充"窗口中更改颜色，如图6-103所示，单击窗口右上方的"拾色器"按钮 ■，打开"拾色器（填充颜色）"对话框，用户可以选择需要的颜色，如图6-104所示。

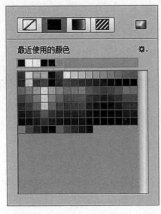

图6-103　"纯色填充"窗口

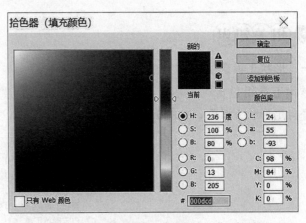

图6-104　"拾色器（填充颜色）"对话框

（3）渐变填充

选择"渐变填充"表示该形状可以填充颜色，且颜色为渐变色。用户可以在"渐变填充"窗口中更改渐变类型，调整渐变角度、缩放和类型等操作，Photoshop CC支持"线性""径向""角度""对称的""菱形"五种渐变类型，如图6-105所示。

单击渐变颜色条▇▇▇▇，打开"渐变编辑器"对话框，如图6-106所示。形状工具填充和描边中的"渐变编辑器"的使用方法与"渐变工具"中"渐变编辑器"的使用方法相同。用户可以在"预设"中选择常用的渐变方式，也可以通过编辑渐变颜色条自定义渐变方式。

（4）图案填充

选择"图案填充"表示该形状可以填充图案。用户可以在"图案填充"窗口中更改图案类型，如图6-107所示；单击"设置"按钮 ✿，用户可以执行"新建图案""删除图案""载入图案""替换图案"等操作。

图6-105　"渐变填充"窗口

图6-106　"渐变编辑器"对话框

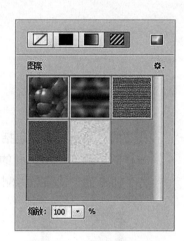

图6-107　"图案填充"窗口

2. 描边选项

单击形状工具选项栏中的"描边选项"▇▇▇，打开"描边选项"对话框，单击"更多选项"按钮，可以设置描边的样式、对齐、端点、角点等内容，如图6-108所示。

图6-108　"描边选项"对话框

• 描边的"对齐"命令包括："使描边内侧对齐""使描边居中对齐""使描边外侧对齐"三

种类型。绘制三个一样的矩形，使用不同的描边"对齐"命令，效果如图6-109所示。

（a）使描边内侧对齐　　　　　　（b）使描边居中对齐　　　　　　（c）使描边外侧对齐

图6-109　描边的"对齐"效果

- 描边的"端点"命令包括："平头端点""圆头端点""方头端点"三种类型。绘制三个一样的直线，使用不同的描边"端点"命令，效果如图6-110所示。

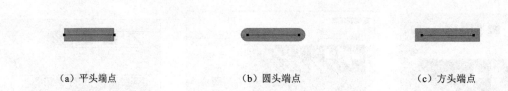

（a）平头端点　　　　　　　　　（b）圆头端点　　　　　　　　　（c）方头端点

图6-110　描边的"端点"效果

- 描边的"角点"命令包括："斜接连接""圆角连接""斜角连接"三种类型。绘制三个一样的矩形，使用不同的描边"角点"命令，效果如图6-111所示。注意：当形状的"对齐"命令为"使描边内侧对齐"时，"角点"命令无法体现。

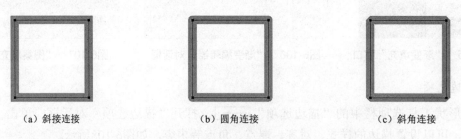

（a）斜接连接　　　　　　　　　（b）圆角连接　　　　　　　　　（c）斜角连接

图6-111　描边的"角点"效果

通过设置填充和描边的类型，可以绘制出多种样式的图形效果，如图6-112所示。

图6-112　矩形的不同填色方式

3. 对齐与排列

（1）路径对齐方式

执行路径的对齐操作需要选择至少两个独立的路径，才能激活对齐操作。选中需要执行对齐操作的路径后，单击属性栏中的"路径对齐方式"按钮，展开对齐菜单，如图6-113所示，选择相应的对齐方式即可。

观察图6-113可见，路径的分布方式没有被激活，因为执行路径的分布操作需要选择至少三个独立路径。选中需要执行分布操作的路径后，单击属性栏中的"路径对齐方式"按钮，在展开的对齐菜单中选择"按宽度均匀分布"和"按高度均匀分布"两种分布方式。

（2）路径排列方式

选中需要更改排列方式的路径后，单击属性栏中的"路径排列方式"按钮，展开排列菜单，如图6-114所示，选择相应的排列方式即可。

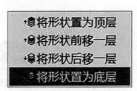

图6-113　路径对齐方式　　　　图6-114　路径排列方式

二、矩形工具

使用"矩形工具"可绘制矩形或正方形，其绘制技巧与矩形选区相似。

绘制矩形时按住【Shift】键拖动鼠标，可绘制正方形。

绘制矩形时按住【Alt】键拖动鼠标，可绘制以单击点为中心的矩形。

绘制矩形时按住【Alt+Shift】组合键拖动鼠标，可绘制以单击点为中心的正方形。

选择"矩形工具"后，在图像编辑区域单击，打开"创建矩形"对话框，设置参数，可自定义矩形的宽度和高度，如图6-115所示。勾选"从中心"复选框，可以创建以单击点为中心的矩形。

单击属性栏中的按钮，展开下拉面板，如图6-116所示，在下拉面板中可以设置矩形的创建方式。"矩形工具""圆角矩形工具""椭圆工具""自定义形状工具"均有此功能。

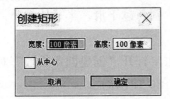

图6-115　"创建矩形"对话框　　　图6-116　矩形创建方式

• 不受约束：可以创建任意大小的矩形或正方形。

- 方形：可以创建任意大小的正方形。
- 固定大小：可以创建预设大小的矩形或正方形。
- 比例：可以创建固定比例的矩形或正方形。
- 从中心：创建以单击点为中心的矩形或正方形。

示例：如何利用矩形工具绘制"大红双喜"？

步骤1 新建文件600像素×600像素，将前景色设置为米黄色（R：155，G：230，B：200），按【Alt+Delete】组合键填充前景色。

步骤2 使用"矩形工具"绘制矩形，设置填充色为红色（R：200，G：50，B：40），描边为"无颜色"。先绘制一个"士"字，复制"士"字，调整到合适位置，如图6-117所示。

步骤3 使用"矩形工具"绘制矩形，绘制一个"口"字，复制"口"字，调整到合适位置，如图6-118所示。

步骤4 使用"矩形工具"绘制矩形，绘制"艹"字，再复制步骤3里的两个"口"字，调整到合适位置，如图6-119所示。完成绘制，保存文件。

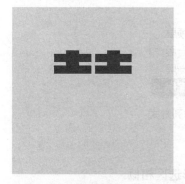

图6-117 创建红色"土"字

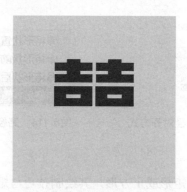

图6-118 创建红色"口"字

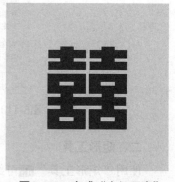

图6-119 完成"大红双喜"

三、圆角矩形工具

使用"圆角矩形工具" ▣ 可绘制圆角矩形或圆角正方形，其绘制技巧与矩形工具相似。

绘制圆角矩形时按住【Shift】键拖动鼠标，可绘制圆角正方形。

绘制圆角矩形时按住【Alt】键拖动鼠标，可绘制以单击点为中心的圆角矩形。

绘制圆角矩形时按住【Alt+Shift】组合键拖动鼠标，可绘制以单击点为中心的圆角正方形。

需要注意的是，在"圆角矩形工具"属性栏中可以设置圆角的"半径" 半径：10像素，圆角半径与所创建的矩形圆角平滑程度相关联，半径值越大，圆角越平滑，半径值越小，圆角越趋近于直角，如图6-120所示。

选中"圆角矩形工具"后，在图像编辑区域单击，打开"创建圆角矩形"对话框，设置参数，可自定义圆角矩形的宽度、高度和圆角半径，如图6-121所示。

图6-120 半径分别是0像素和20像素的圆角矩形　　图6-121 "创建圆角矩形"对话框

勾选"从中心"复选框，可以创建以单击点为中心的圆角矩形。在"创建圆角矩形"对话框中，可以对圆角矩形的四个圆角分别设置圆角半径，如图9-122所示。

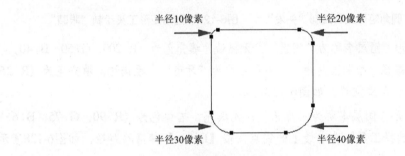

图6-122 不同半径的圆角矩形

示例： 利用圆角矩形工具绘制卡通头像。

步骤1 新建文件600像素×600像素，将画布填充为白色。选择"圆角矩形工具"，在其属性栏中设置半径为140像素，按【Alt+Shift】组合键在画布中拖动鼠标，创建以单击点为中心的圆角矩形，图层名称为"脸"，无描边，填充色为（R：250，G：210，B：190），如图6-123所示。

步骤2 绘制圆角矩形，图层名称为"左耳"，无描边，填充色为（R：240，G：190，B：150），将图层叠放在"脸"图层之下。复制"左耳"图层，更名为"右耳"，移动到合适位置，并将这两个图层编组，如图6-124所示。

图6-123 圆角矩形工具绘制"脸"　　图6-124 圆角矩形工具绘制"耳朵"

步骤3 绘制圆角矩形，图层名称为"头发"，无描边，填充色为（R：125，G：105，B：90），使用"添加锚点工具"和"直接选择工具"调整路径，给头发添加刘海。绘制圆角矩形，图层名称为"发髻"，无描边，填充色为（R：90，G：75，B：65），将图层叠放在"头发"图层之下，并调整位置，如图6-125所示。

步骤4 绘制圆角矩形，图层名称为"左眼"，无描边，填充色为（R:90，G:75，B:65），复制"左眼"图层，命名为"右眼"，并调整至合适位置，并将这两个图层编组，如图6-126所示。

图6-125 圆角矩形工具绘制"头发"　　图6-126 圆角矩形工具绘制"眼睛"

步骤5 绘制圆角矩形，图层名称为"嘴巴"，无描边，填充色为（R:200，G:50，B:40），使用"直接选择工具"调整路径。绘制圆角矩形，图层名称为"牙齿"，无描边，填充色为（R:255，G:255，B:255），调整至合适位置，如图6-127所示。

步骤6 绘制圆角矩形，图层名称为"鼻子"，无填充，描边色为（R:90，G:75，B:65），大小为3点。使用"直接选择工具"选中最上的锚点，按【Delete】键清除路径，如图6-128所示。

图6-127 圆角矩形工具绘制"嘴巴"　　图6-128 圆角矩形工具绘制"鼻子"

步骤7 绘制圆角矩形，图层名称为"左腮红"，无描边，填充色为（R:245，G:180，B:200）。复制"左腮红"图层，更名为"右腮红"，移动到合适位置。选中这两个图层，调整图层不透明度为60%，并将这两个图层编组，如图6-129所示。选中已经编组的"耳朵""眼睛""腮红""鼻子""嘴巴""牙齿"图层，执行"水平居中对齐"。完成制作，保存文件。

图6-129 圆角矩形工具绘制"腮红"

四、椭圆工具

使用"椭圆工具" ◙ 可绘制椭圆或圆，其绘制技巧与矩形工具相似。

绘制椭圆时按住【Shift】键拖动鼠标，可绘制圆。

绘制椭圆时按住【Alt】键拖动鼠标，可绘制以单击点为中心的椭圆。

绘制椭圆时按住【Alt+Shift】组合键拖动鼠标，可绘制以单击点为中心的圆。

示例： 如何利用形状工具绘制直行路标？

步骤1 新建文件，选择"椭圆工具"，按【Alt+Shift】组合键在画布中拖动鼠标，创建以单击点为中心的圆，名称为"椭圆1"，描边蓝色，填充白色，如图6-130所示。

步骤2 复制"椭圆1"，得到"椭圆1 拷贝"，设置无描边，填充蓝色。选中"椭圆1"和"椭圆1 拷贝"，执行"水平居中对齐"和"垂直居中对齐"，如图6-131所示。

步骤3 选择"矩形工具"，绘制矩形，无描边，填充白色，如图6-132所示。

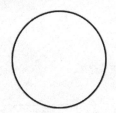  

图6-130 创建"椭圆1" 　图6-131 设置"椭圆1 拷贝" 　图6-132 创建"矩形1"

步骤4 复制"矩形1"，得到"矩形1 拷贝"，将其旋转90°，垂直于"矩形1"。选择"添加锚点工具"，在"矩形1 拷贝"的两条水平线中间分别添加两个锚点，如图6-133所示。

步骤5 选择"直接选择工具"选中新添加的锚点，向上拖动到合适位置。选中所有形状图层，执行"垂直居中对齐"，完成绘制，如图6-134所示。

图6-133 添加锚点 　图6-134 完成直行路标

五、多边形工具

使用"多边形工具" ◙ 可绘制多边形，其默认形状是正五边形，边数越多越趋向于圆形，可通过属性栏 ▦ 3 自定义多边形的边数，此处支持3~100的整数，超出该范围时软件自动插入最接近数值。

使用"多边形工具"还可以绘制星形。单击属性栏中的 ✿ 按钮，弹出图6-135所示的面板，勾选"星形"复选框，按住鼠标左键在图像编辑区拖动即可绘制星形。

在图6-135创建星形下拉面板中，勾选"平滑拐角"复选框会使绘制的星形更圆润，勾选"平滑缩进"复选框会使绘制的星形更尖锐，如图6-136所示。

图6-135　创建星形下拉面板

在"缩进边依据"选项中可以设置星形边缘向中心缩进的数量，"缩进边依据"数值越大，缩进量越大。

选中"多边形工具"后，在图像编辑区域单击，打开"创建多边形"对话框，设置参数，可创建固定大小和边数的多边形；勾选"星形"复选框，也可创建平滑拐角或平滑缩进的星形，如图6-137所示。

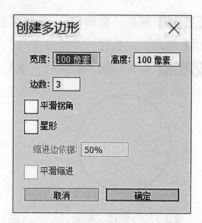

图6-136　"平滑拐角"星形与"平滑缩进"星形

图6-137　"创建多边形"对话框

示例：如何利用多边形工具绘制露营帐篷？

步骤1 新建文件600像素×600像素，设置前景色为（R：75，G：100，B：140），背景色为（R：20，G：40，B：70），选择"渐变工具"，设置渐变方式为从前景色到背景色的径向渐变，在画布中拖动鼠标，创建渐变背景，如图6-138所示。

步骤2 选择"多边形工具"，边数设置为3，为了使绘制的矢量图更圆润，设置描边对齐为"使描边外侧对齐"，角点为"圆角连接"，填充色和描边色为（R：175，G：90，B：30），在画布中绘制三边形，创建帐篷主体，如图6-139所示。

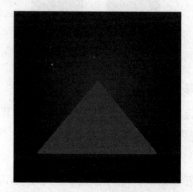

图6-138　创建渐变背景　　　图6-139　多边形工具创建帐篷主体

步骤3 按照步骤2的方式绘制帐篷装饰，更改颜色：浅橙色（R：245，G：155，B：100）、棕色（R：125，G：65，B：15），红色（R：165，G：0，B：0），使用"直接选择工具"调整路径和位置，使用"钢笔工具"绘制直线做旗杆，如图6-140所示。

步骤4 按照步骤2的方式绘制松树。先绘制一个三边形，填充和描边颜色为（R：0，G：65，B：25），复制两个三边形图层，调整大小和位置，将其编为一组。再复制两组，调整大小、位置和颜色（R：0，G：85、B：30）。将这三组图层叠放到帐篷后面，如图6-141所示。

步骤5 选择"多边形工具"，边数设置为5，勾选"平滑拐角"和"星形"复选框，无描边，填充色为（R：220，G：220，B：0），拖动鼠标在画布中绘制星星。

步骤6 选择"图层"→"栅格化"→"形状"命令，将图层栅格化。选择"滤镜"→"模糊"→"高斯模糊"命令，将星星模糊处理。再复制几个星星出来，调整大小和位置。完成"露营帐篷"制作，保存文件，如图6-142所示。

图6-140　多边形工具装饰帐篷　　　图6-141　多边形工具绘制松树　　　图6-142　多边形工具绘制星星

六、直线工具

选择"直线工具"，按住鼠标左键在画布中拖动，可绘制一条1像素粗细的直线，按住【Shift】键不放，可以绘制水平、垂直、45°倍数方向的直线，在其属性栏 粗细：1像素 处更改数值，可绘制相应粗细的直线。

单击选项栏中的按钮，弹出图6-143所示的下拉面板，可以为直线添加箭头，并可设置箭头的宽度、长度和凹度。

箭头
□ 起点　□ 终点
宽度：500%
长度：1000%
凹度：0%

图6-143　箭头下拉面板

• 起点/终点：可分别或同时在直线的起点和终点添加箭头。

勾选"起点"复选框 ☑起点，可以为绘制的直线起点添加箭头，如图6-144所示。

勾选"终点"复选框 ☑终点，可以为绘制的直线终点添加箭头，如图6-145所示。

勾选"起点"和"终点"复选框 ☑起点 ☑终点，可以为绘制的直线两端添加箭头，如图6-146所示。

图6-144　直线起点添加箭头　　　图6-145　直线终点添加箭头　　　图6-146　直线两端添加箭头

- **宽度**：设置箭头宽度与直线宽度的百分比，取值范围为10%~1 000%，数值越大，箭头越宽，如图6-147所示。
- **长度**：设置箭头长度与直线宽度的百分比，取值范围为10%~5 000%，数值越大，箭头越长，如图6-148所示。
- **凹度**：设置箭头凹陷程度，取值范围为－50%~50%，该值为0%时，箭头尾部平齐；大于0%时，向内凹陷；小于0%时，向外突出，如图6-149所示。

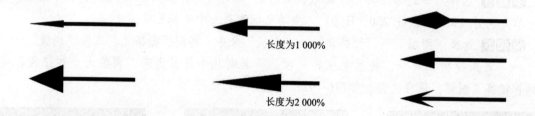

图6-147　不同宽度的箭头对比　　　图6-148　不同长度的箭头对比　　　图6-149　不同凹度的箭头对比

小技巧

选择"视图"→"窗口"→"网格"命令（或者按【Ctrl+'】组合键），打开网格，直线将自动吸附在网格坐标上，用户可以更加便捷地绘制线条。

示例：使用"直线工具"绘制宝石。

直线可以用来创建线条，丰富背景，增加创意。直线本身也可以绘制一些线性矢量图。创建文件，选择"直线工具"，用直线搭建轮廓。

步骤1 新建文件600像素×600像素，将画布填充为白色。选择"直线工具"，设置粗细为"3像素"，使用"直线工具"搭建宝石外部轮廓，如图6-150所示。

步骤2 使用"直线工具"绘制宝石各个切面的线条，使用"直接选择工具"调整锚点，优化路径，如图6-151所示。完成绘制，保存文件。

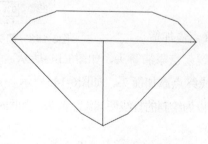

图6-150　宝石轮廓

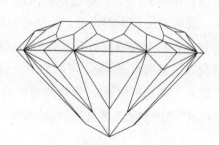

图6-151　宝石主视图

七、自定义形状工具

选择"自定义形状工具" ，按住鼠标左键在画布中拖动，可绘制软件预设的自定义图像。在其属性栏 处单击弹出下拉面板，如图6-152所示，单击下拉面板中的 按钮，可以查看、选择自定义形状。

使用自定义形状可以快速创建一些较为复杂的路径，例如可以使用自定义形状中的爱心，替换矩形工具示例"大红双喜"中的"口"字部分。效果如图6-153所示。

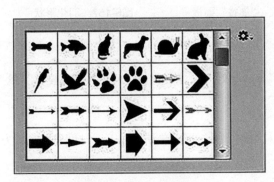

图6-152 形状下拉面板

图6-153 自定义形状的双喜

选中路径并右击，在弹出的快捷菜单中选择"定义自定形状"命令，打开"形状名称"对话框，修改名称，单击"确定"按钮，可以将已绘制的形状添加到自定义形状列表中。如图6-154所示，使用工具绘制USB图标，将其定义为形状，即可在自定义形状列表中看到该形状。

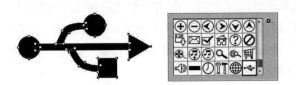

图6-154 定义自定形状

示例："羽化"可以实现选区和选区周边颜色的柔和过渡，形状可以实现羽化效果吗？

在演示多边形工具的"露营帐篷"示例中，为实现羽化星星的效果，先将形状图层栅格化，然后添加"高斯模糊"滤镜。采用这种方式比较麻烦，有没有更加简便的羽化方式？在Photoshop中，除了模糊滤镜，还可以通过"属性"面板直接为形状图层添加羽化效果，而且这种羽化效果可以随时修改。

步骤1 创建文件，选择"自定义形状工具"在画布中绘制小猫，填充黑色，无描边，如图6-155所示。

步骤2 选择"窗口"→"属性"命令，打开"属性"面板，如图6-156所示。

步骤3 在"属性"面板中设置蒙版羽化值，即可调整形状的羽化状态，如图6-157所示。

图6-155　绘制形状　　　　图6-156　"属性"面板　　　　图6-157　羽化形状

使用矩形、图形、多边形、直线和自定义形状工具时，创建形状的过程中按住【空格】键并拖动鼠标，可以在创建过程中移动形状位置。

经过钢笔工具组、"路径"面板、形状工具组的学习，可以总结出以下三种创建路径的方式。

1. 钢笔工具组创建路径

使用"钢笔工具"或"自由钢笔工具"可以创建直线路径、曲线路径、开放路径和封闭路径。具体创建方法详见单元六任务二。

2. 选区转化路径

使用"路径"面板创建路径其实就是运用"路径"面板中的"将选区生成工作路径"按钮 ◇。当用户使用选区工具创建选区之后，单击"将选区生成工作路径"按钮，可以将选区转化为路径，该路径自动添加锚点，用户也可根据需要重新编辑路径，如图6-158所示。

也可以单击"路径"面板右上角的面板菜单图标 ▤，在展开的面板菜单中选择"建立工作路径"命令，从而将选区转化为路径。

3. 形状工具创建路径

从字面上理解的形状工具是用于创建形状的，但稍微调整一下，它就会变成路径工具。例如选择"矩形工具"，在形状工具属性栏中选择"路径" ■· 路径 ，在画布中拖动，所绘制的矩形是路径，没有填充，不能打印，如图6-159所示。

图6-158　选区转化路径　　　　　　　图6-159　形状工具创建路径

八、形状的变换

在Photoshop CC中除了软件给定的矩形、圆角矩形、椭圆、多边形、直线、自定义形状之外，用户可以通过形状的加减、相交以及排除运算快捷地制作一些较为规则的形状。同时用户也可以对这些形状进行旋转、变形等操作，创造出更加丰富多彩的形状效果。

1. 路径操作

单击属性栏中的"路径操作"按钮，在下拉列表中可以选择形状的相加、相减、相交、排除重叠等运算，从而生成新的形状。

- 选择"新建图层"，绘制时自动创建新图层。
- 选择"合并形状"，自动合并到当前图层，并实现形状相加。绘制自定义形状①，选择"合并形状"，绘制自定义形状②，形状①与形状②合并于同一图层，如图6-160所示。
- 选择"减去顶层形状"，自动合并到当前图层，并减去后绘制的形状部分。绘制自定义形状①，选择"减去顶层形状"，绘制自定义形状②，形状①减去形状②于同一图层，如图6-161所示。

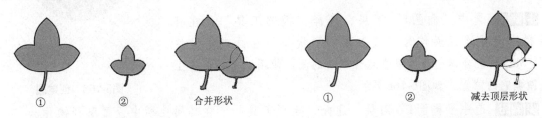

图6-160 合并形状   图6-161 减去顶层形状

- 选择"与形状区域相交"，自动合并到当前图层，并保留形状重叠部分。绘制自定义形状①，选择"与形状区域相交"，绘制自定义形状②，形状①与形状②相交于同一图层，如图6-162所示。
- 选择"排除重叠形状"，自动合并到当前图层，并减去形状重叠部分。绘制自定义形状①，选择"减去顶层形状"，绘制自定义形状②，形状①与形状②合并于同一图层，并减去重叠区域，如图6-163所示。

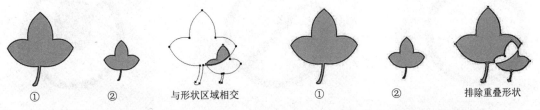

图6-162 与形状区域相交   图6-163 排除重叠形状

- 选择"合并形状组件"，用于合并进行路径操作的形状。

"合并形状组件"之前，用户可以使用"路径选择工具"调整某一形状，更改运算的效果；

"合并形状组件"之后，所有形状合并成为一个完整路径，如图6-164所示。如果此时仍需更改运算效果，可以使用调整锚点工具，如"直接选择工具""添加锚点工具""删除锚点工具""转换点工具"等。

合并形状　　　调整合并效果　　　合并形状组件

图6-164　合并形状组件

示例：使用"路径操作"绘制"禁止封锁"标志。

步骤1 新建文件600像素×600像素，背景内容为"透明"。选择"椭圆工具"，设置填充为红色，无描边，在画布中按住【Alt+Shift】组合键创建以单击点为中心的圆，图层名称为"椭圆1"，如图6-165所示。

步骤2 选中"椭圆1"图层，选择"椭圆工具"，在其属性栏中设置路径操作为"减去顶层形状"，在画布中按住【Alt+Shift】组合键创建以单击点为中心的圆。使用"路径选择工具"微调它的位置，如图6-166所示。

图6-165　创建圆

步骤3 选中"椭圆1"图层，选择"矩形工具"，在其属性栏中设置路径操作为"合并形状"，在画布中拖动创建水平方向较细长的矩形。使用"路径选择工具"选中矩形，按【Ctrl+T】组合键将矩形旋转45°，并调整到合适的位置。如果矩形长度过长或过短，可以使用"直接选择工具"调整矩形锚点位置，如图6-167所示。

步骤4 选择"圆角矩形工具"，设置填充为黑色，无描边，圆角半径为"60像素"，在画布中拖动创建圆角矩形，图层名称为"圆角矩形1"，如图6-168所示。

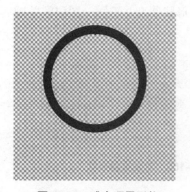  

图6-166　减去顶层形状　　　　**图6-167　合并形状**　　　　**图6-168　创建圆角矩形**

步骤5 选中"圆角矩形1"图层，选择"圆角矩形工具"，在其属性栏中设置路径操作为"排除重叠形状"（也可使用"减去顶层形状"），设置圆角半径为"40像素"，在画布中创建圆角矩形。使用"路径选择工具"选中矩形调整到合适的位置，如图6-169所示。

步骤6 选中"圆角矩形1"图层，选择"矩形工具"，在其属性栏中设置路径操作为"合并形状"，在画布中拖动创建两个矩形。使用"路径选择工具"选中矩形，调整到合适的位置，并将该图层置于底层，如图6-170所示。

步骤7 选择"矩形工具"，填充红色，无描边，在画布中拖动创建矩形。选择"文字工具"，输入文字"禁止锁闭"，文字字体为"创艺简粗黑"，大小为"60点"，垂直缩放"120%"，将矩形和文字调整到合适的位置。完成绘制，保存文件，如图6-171所示。

图6-169 排除重叠形状

图6-170 绘制矩形

图6-171 完成图标绘制

2.路径变换

（1）路径缩放

路径的变换与位图的变换操作相同，选中路径后按【Ctrl+T】组合键，可以调出定界框。将光标放置在定界点上时，光标变成对称双向箭头，拖动鼠标可以缩放路径，按【Enter】键确定缩放。

按住【Shift】键的同时拖动鼠标，可实现等比缩放。

按住【Alt】键的同时拖动鼠标，可实现按中心点缩放。

按住【Shift+Alt】组合键的同时拖动鼠标，可实现按中心点等比缩放，如图6-172所示。

（2）路径旋转

按【Ctrl+T】组合键调出定界框后，将光标放置在定界框外，光标变成垂直双向箭头，拖动鼠标可以实现按中心点旋转路径，使用【Enter】键确定旋转。

按住【Shift】键的同时拖动鼠标，可实现15°倍数的旋转。

按住【Alt】键单击路径，可以改变路径的旋转中心点，如图6-173所示。

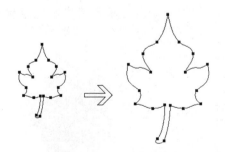

图6-172 按中心点等比缩放

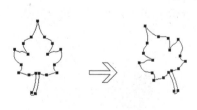

图6-173 按中心点旋转

小技巧

选中路径并右击，在弹出的快捷菜单中选择"自由变换路径"命令，也可以缩放或旋转路径。

（3）路径变形

按【Ctrl+T】组合键调出定界框后，右击选区，弹出的快捷菜单如图6-174所示。

选择相应的变形命令，可以实现需要的变形效果，如图6-175~图6-178所示。

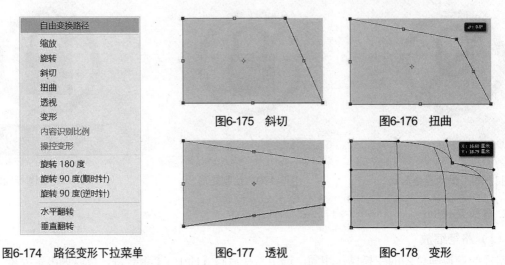

图6-174　路径变形下拉菜单　　　图6-175　斜切　　　图6-176　扭曲

图6-177　透视　　　图6-178　变形

（4）再次变换

对路径进行变换操作后，按【Ctrl+Shift+Alt+T】组合键，可以复制当前图像，并对其执行上一次的变换操作。

示例： 使用再次变换绘制花朵。

步骤1 新建文件600像素×600像素。选择"钢笔工具"，绘制花瓣，无描边，选择渐变填充，从玫红（R：250，G：30，B：130）到粉红（R：255，G：210，B：210）的线性渐变。适当调整渐变角度，使其如图6-179所示。

步骤2 按【Ctrl+T】组合键，调出定界框。按住【Alt】将旋转中心下移，如图6-180所示。将光标放置在定界框外，当光标变成垂直双向箭头时，拖动鼠标，使路径旋转72°。

步骤3 按【Ctrl+Shift+Alt+T】组合键，执行四次再次变换，即可完成小花绘制，如图6-181所示。

图6-179　绘制花瓣　　　图6-180　重置旋转中心点　　　图6-181　再次变换

小 结

本单元学习的关键在于加强练习，及时巩固知识和技能，提高对工具的熟悉程度，结合平时积累，积极应用所学，提高图像处理能力。

通过本单元的学习，用户应该重点掌握以下内容：

- 理解路径与锚点的概念。
- 掌握文字的创建和调整。
- 掌握"钢笔工具"和"自由钢笔工具"创建路径的操作。
- 掌握路径与选区的转换方式，能够使用钢笔工具创建选区。
- 掌握多边形、椭圆、矩形、直线、自定义形状的绘制技巧。
- 掌握"添加锚点工具""删除锚点工具""转换点工具"的操作。
- 掌握"路径选择工具""直接选择工具"选择和调整路径。

练 习

一、多项选择题

1. 在 Adobe Photoshop 中，下列关于"文字工具"的描述错误的是（　　）。

　A. 选择"横排文字工具"，在画布上，按住鼠标左键并拖动，将创建一个定界框，可以创建段落文字

　B. 在输入文字之前，用户需要新建图层，以避免新建文字叠加到当前图层，不利于调整文字位置

　C. 在"字符"面板中，"特殊字体样式"用于创建仿粗体、斜体等文字样式，以及为字符添加下画线、删除线等文字效果

　D. 在"段落"面板中，"左缩进"可以使横排文字从段落的左边缩进，直排文字从段落的底部缩进；"右缩进"可以使横排文字从段落的右边缩进，直排文字从段落的顶部缩进

2. 在 Adobe Photoshop 中，下列关于"路径"与"锚点"的描述正确的是（　　）。

　A. "路径"是由"锚点"、方向线与方向点组成的曲线

　B. "路径"可以是闭合的，也可以是开放的

　C. "路径"是不可打印的矢量形状，主要用于勾画图像区域的轮廓

　D. "锚点"是"路径"上用于标记关键位置的转换点

3. 在 Adobe Photoshop 中，下列关于"钢笔工具"的描述正确的是（　　）。

　A. 可以直接创建直线路径和曲线路径，也可以创建闭合路径和开放路径

　B. 使用"钢笔工具"绘制直线路径时，按住【Ctrl】键可以绘制水平路径、垂直路径、45°倍数的斜路径

　C. 使用"钢笔工具"在图像编辑区单击创建第一个锚点，在锚点附近再次单击并拖动，可以绘制直线路径

D. 绘制曲线路径时，按住【空格】键可自由调整落点位置

4. 在 Adobe Photoshop 中，以下命令属于路径操作的是（　　　）。

A. 合并形状　　　　　　　　　　　　　　B. 减去顶层形状

C. 与形状区域相交　　　　　　　　　　　D. 排除重叠形状

5. 在 Adobe Photoshop 中，下列关于"圆角矩形工具"的描述正确的是（　　　）。

A. 绘制圆角矩形时按住【Shift】键拖动鼠标，可绘制圆角正方形

B. 绘制圆角矩形时按住【Alt】键拖动鼠标，可绘制以单击点为中心的圆角矩形

C. 绘制圆角矩形时按住【Alt+Shift】组合键拖动鼠标，可绘制以单击点为中心的圆角正方形

D. 使用"圆角矩形工具"时，可以在其属性栏中设置圆角"半径"可改变圆角大小，半径值越大，圆角越平滑，半径值越小，圆角越趋近于直角

二、判断题

1. 使用"钢笔工具"时，当笔尖定位到选定路径上，会临时变为"添加锚点工具"；定位到锚点上时，则会临时变为"删除锚点工具"。　　　　　　　　　　　　　　（　　　）

2. 选择"转换点工具"在"角点"上单击，可将"角点"转换成"平滑点"　（　　　）

3. 单击"路径"面板中的"从选区生成工作路径"按钮，可以使绘制的选区转换为路径，并自动添加锚点。　　　　　　　　　　　　　　　　　　　　　　　　　（　　　）

4. 选择"直线工具"，按住【Alt+Shift】组合键的同时在画布中拖动鼠标，可以绘制水平、垂直、45°倍数方向的直线。　　　　　　　　　　　　　　　　　　　（　　　）

5. 执行路径的分布操作需要选择三个及三个以上的独立路径。　　　　　（　　　）

三、操作题

制作水果商店宣传海报，最终效果如图6-182所示。

本案例主要考查读者对于形状工具和文字工具的运用，在制作水果选区时尝试使用"将路径作为选区载入"命令。将文件保存为"水果商店宣传海报.jpg"。

图6-182　作业最终效果图

单元 ⑦ 滤镜与通道的应用

滤镜主要是用来实现图形图像的各种特殊效果。滤镜通常需要同通道、图层等联合使用，才能取得最佳艺术效果。如果想在最适当的时候应用滤镜到最适当的位置，除了平常的美术功底之外，还需要用户具有对滤镜的操控能力，甚至需要具有很丰富的想象力。这样，才能有的放矢地应用滤镜，生成更好的艺术效果。

通道的概念，便是由遮板演变而来的，也可以说通道就是选区。在通道中，以白色代替透明表示要处理的部分（选择区域）；以黑色表示无须处理的部分（非选择区域）。因此，通道与遮板一样，没有其独立的意义，而只有在依附于其他图像（或模型）存在时，才能体现其功用。通道与遮板的最大区别是，通道可以完全由计算机进行处理，即它是完全数字化的。

学习目标：

- 了解Photoshop CC滤镜的概念
- 掌握滤镜菜单的使用方法
- 掌握滤镜库的使用技巧
- 了解通道的概念和分类
- 掌握通道面板的使用方法
- 掌握通道蒙版的使用技巧

任务一 利用滤镜制作彩绘钢笔画效果

在Photoshop CC环境中，学习使用滤镜库命令下的照亮边缘和中间值滤镜命令制作钢笔画效果，从而掌握滤镜的一般操作方法。

任务描述

启动Photoshop CC软件，打开本书提供的素材文件，制作图7-1所示的效果，并分别保存为"彩绘钢笔画效果.psd"和"彩绘钢笔画效果.jpg"。

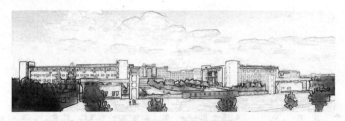

图7-1　彩绘钢笔画效果

任务实施

步骤1 打开素材库中的原始文件，在"图层"面板中将原始背景文件拖动到"创建新图层"按钮上，生成一个副本"背景拷贝"，如图7-2所示。选择副本，选择"图像"→"调整"→"去色"命令对图像进行去色操作，效果如图7-3所示。

图7-2　打开原始文件复制副本

图7-3　副本去色效果

步骤2 选择"滤镜"→"滤镜库"命令，打开"风格化/照亮边缘"对话框，按图7-4所示设置参数，单击"确定"按钮。

步骤3 选择"图像"→"调整"→"反相"命令，对上一步生成的图像进行反相操作，效果如图7-5所示。

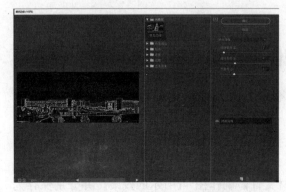

图7-4　设置照亮边缘效果

图7-5　副本反相效果

步骤4 在"图层"面板中，将副本图层混合模式设置为"叠加"，效果如图7-6所示。

步骤5 在"图层"面板中，将原始背景文件拖动到"创建新图层"按钮上，再生成一个副本，得到"背景拷贝2"。选择生成的副本，选择"滤镜"→"杂色"→"中间值"命令，在打开的对话框中按图7-7所示设置参数，单击"确定"按钮，生成图7-1所示的效果，利用滤镜制作的钢笔画效果就完成了。

图7-6　设置副本图层混合模式　　　　　　图7-7　创建背景文件新副本并添加滤镜效果

小技巧

RGB颜色模式可以使用Photoshop CC系统中的任意一种滤镜；而在CMYK和Lab颜色模式下，不能使用画笔描边、视频、素描、纹理和艺术效果等滤镜。

任务拓展

打开本书提供的素材文件，选择"滤镜库"→"艺术效果"命令，按图7-8所示设置参数，制作图7-9所示的木刻画效果，并分别保存为"木刻画效果.psd"和"木刻画效果.jpg"。

图7-8　木刻画滤镜

图7-9　木刻画效果

相关知识

一、滤镜的概念和分类

滤镜分为两种，分别是内置滤镜和外置滤镜。滤镜实际上是一种特定的软件处理模块，图像通过滤镜处理后可以产生特殊的艺术效果。

Photoshop CC的滤镜菜单（见图7-10）下提供了多种滤镜，分为5部分，并用横线隔开。

* 第1部分是上次滤镜操作。使用滤镜效果时，该命令是灰色的，不可以使用；但是使用过某种滤镜后，需要重复使用该滤镜时，只要选择该命令或者按【Ctrl+F】组合键即可，也可以按【Alt+Ctrl+F】组合键，打开对话框，重新对要再次使用的滤镜进行参数设置。

* 第2部分是转换为智能滤镜，智能滤镜是一种非破坏性的滤镜创建方式，它可以随时调整参数，隐藏或删除滤镜效果，而不会破坏原图像。

图7-10　滤镜菜单

* 第3部分是Photoshop CC提供的6类滤镜，其中包括滤镜库，每一类滤镜的功能都十分强大。
* 第4部分是11组Photoshop CC滤镜组，每一组滤镜中都包含多个子滤镜。
* 第5部分是浏览联机滤镜。

二、滤镜的应用

Photoshop CC的滤镜库是将常用滤镜组合在一个面板中，以折叠菜单的方式显示，并为每个滤镜提供了直观的效果预览，使用十分便捷。

选择"滤镜"→"滤镜库"命令，弹出"滤镜库"对话框。在对话框中，左侧为滤镜预览框，可显示滤镜应用后的效果；中部为滤镜列表，每个滤镜组下面包含了多个特色滤镜，单击需要的滤镜组，可以浏览到滤镜组中的各个滤镜和其相应的滤镜效果；右侧为滤镜参数设置栏，可设置所用滤镜的各个参数值，如图7-11所示。

图7-11 "滤镜库"对话框

1. 风格化滤镜组

风格化滤镜组只包含一个照亮边缘滤镜，如图7-12所示。此滤镜可以搜索主要颜色的变化区域并强化其过渡像素产生轮廓发光的效果，应用滤镜前后的效果如图7-13所示。

图7-12 风格化滤镜

图7-13 风格化滤镜效果对比

2. 画笔描边滤镜组

画笔描边滤镜组包含8个滤镜，如图7-14所示。此滤镜组对CMYK 和Lab颜色模式的图像都不起作用。各滤镜添加后的效果如图7-15所示。

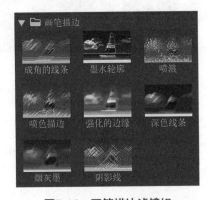

图7-14 画笔描边滤镜组

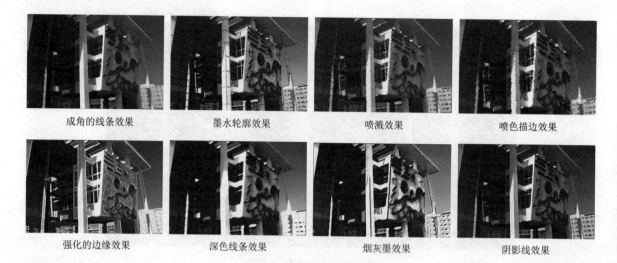

成角的线条效果	墨水轮廓效果	喷溅效果	喷色描边效果
强化的边缘效果	深色线条效果	烟灰墨效果	阴影线效果

图7-15　画笔描边滤镜组效果

3. 扭曲滤镜组

扭曲滤镜组包含3个滤镜，如图7-16所示。此滤镜组可以生成一组从波纹到扭曲图像的变形效果。各滤镜添加后的效果如图7-17所示。

图7-16　扭曲滤镜组

玻璃效果　　　　　　　　海洋波纹效果　　　　　　　　扩散亮光效果

图7-17　扭曲滤镜组效果

4. 素描滤镜组

素描滤镜组包含14个滤镜，如图7-18所示。此组滤镜只对RGB或灰度模式的图像起作用，可以制作出多种绘画效果。各滤镜添加后的效果如图7-19所示。

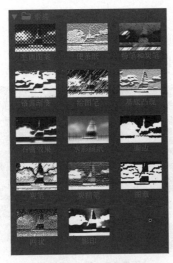

图7-18 素描滤镜组

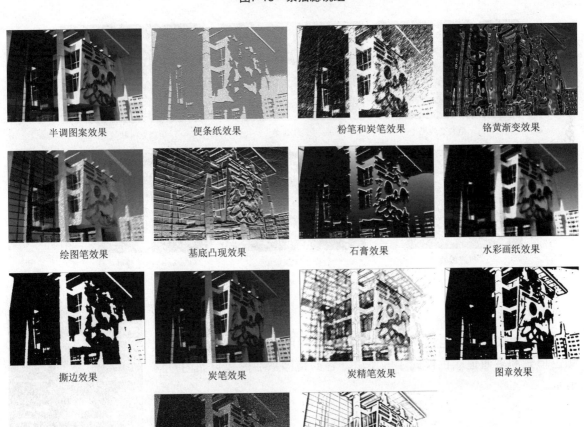

半调图案效果	便条纸效果	粉笔和炭笔效果	铬黄渐变效果
绘图笔效果	基底凸现效果	石膏效果	水彩画纸效果
撕边效果	炭笔效果	炭精笔效果	图章效果
网状效果	影印效果		

图7-19 素描滤镜组效果

5. 纹理滤镜

纹理滤镜组包含6个滤镜，如图7-20所示。此组滤镜可以使图像中各颜色之间产生过渡变形的效果。各滤镜添加后的效果如图7-21所示。

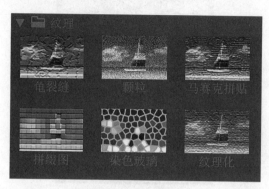

图7-20 纹理滤镜组

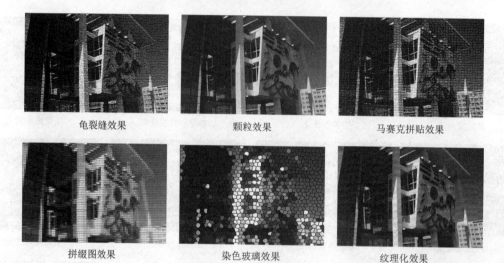

龟裂缝效果   颗粒效果   马赛克拼贴效果

拼缀图效果   染色玻璃效果   纹理化效果

图7-21 纹理滤镜组效果

6. 艺术效果滤镜

艺术效果滤镜组包含15个滤镜，如图7-22所示。此组滤镜在RGB颜色模式和多通道颜色模式才可使用。各滤镜添加后的效果如图7-23所示。

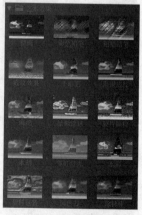

图7-22 艺术效果滤镜组

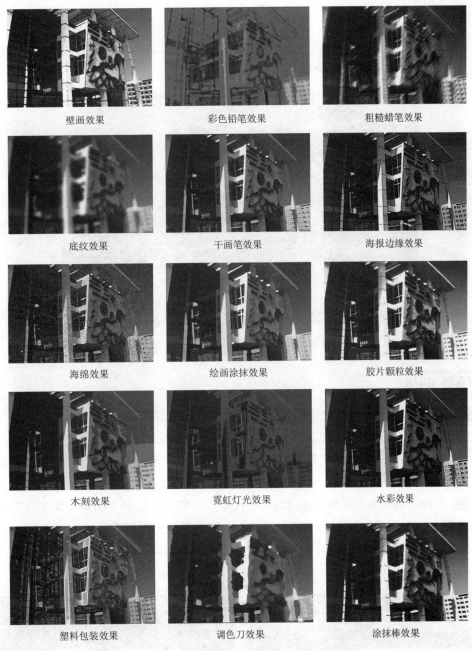

壁画效果	彩色铅笔效果	粗糙蜡笔效果
底纹效果	干画笔效果	海报边缘效果
海绵效果	绘画涂抹效果	胶片颗粒效果
木刻效果	霓虹灯光效果	水彩效果
塑料包装效果	调色刀效果	涂抹棒效果

图7-23　艺术效果滤镜组效果

任务二　利用滤镜制作液化文字效果

在Photoshop CC环境中，学习使用滤镜命令下的液化滤镜，结合文字工具和图层样式，制作出特殊的文字效果。

任务描述

启动Photoshop CC软件，打开本书提供的素材文件，制作图7-24所示的效果，并分别保存为"液化文字效果.psd"和"液化文字效果.jpg"。

图7-24　液化文字效果

任务实施

步骤1 打开素材库中的原始文件，作为文字背景。新建图层并将其命名为"滤色"，将前景色设为淡橙色（R: 222，G: 187，B: 10），按【Alt+Delete】组合键用前景色填充"滤色"图层。在"图层"面板上方，将"滤色"图层的混合模式设置为"柔光"，图像效果如图7-25所示。

步骤2 将前景色设为淡黄色（R: 246，G: 170，B: 72），选择"横排文字工具"，在适当的位置输入需要的文字并选取文字"商贸1903"，在属性栏中选择合适的字体（华文琥珀）并设置大小（120），按【Alt+→】组合键，调整文字适当的间距，栅格化文本图层，使其转化为图像图层，效果如图7-26所示。

图7-25　新建"滤色"图层

图7-26　添加文字图层

步骤3 选择"滤镜"→"液化"命令，弹出"液化"对话框，选择"向前变形"工具，拖动鼠标制作出文字变形效果，如图7-27所示，单击"确定"按钮，效果如图7-28所示。

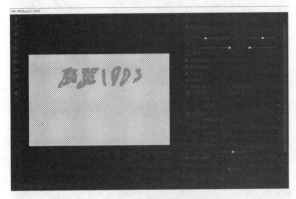

图7-27 制作文字液化变形

图7-28 文字液化变形效果

步骤4 复制"商贸1903"图层，生成"商贸1903拷贝"图层，并将其拖动到"商贸1903"图层的下方，单击"商贸1903"图层左侧的眼睛图标，将该图层隐藏，如图7-29所示。

图7-29 复制文字图层

步骤5 选择副本图层，单击"图层"面板底部的"添加图层样式"按钮，选择"内阴影"命令，在弹出的对话框中将内阴影颜色设为绿色（R：77，G：176，B：84），其他选项的操置如图7-30所示；选择"光泽"选项，切换到相应的对话框中，将光泽颜色设为黄色（R：254，G：253，B：150），其他选项的设置如图7-31所示；选择"外发光"选项，切换到相应的对话框中，将外发光颜色设为土黄色（R：228，G：228，B：182），其他选项的设置如图7-32所示，单击"确定"按钮，图像效果如图7-33所示。

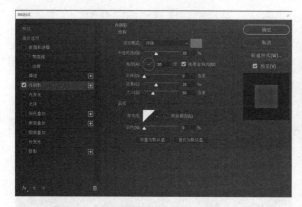

图7-30　给图层副本添加"内阴影"样式

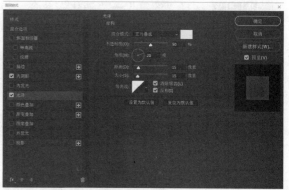

图7-31　给图层副本添加"光泽"样式

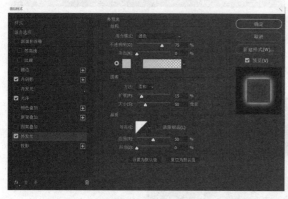

图7-32　给图层副本添加"外发光"样式

图7-33　图层样式最终效果

步骤6 选中并显示"商贸1903"图层，单击"图层"面板底部的"添加图层样式"按钮，选择"内发光"命令，在弹出的对话框中将内发光颜色设为浅黄色（R:247，G: 247，B:190），其他选项的设置如图7-34所示，单击"确定"按钮，将图层混合模式设置为"正片叠底"，图像效果如图7-35所示，液化文字效果就完成了。

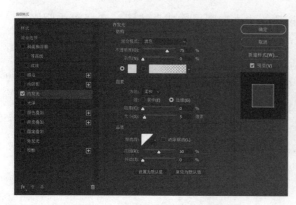

图7-34　给文本图层添加图层样式

图7-35　液化文字最终效果

任务拓展

打开本书提供的素材文件，选择"滤镜库"→"液化"命令，去除"内发光"，添加"斜面和浮雕"效果，按图7-36所示设置参数，制作图7-37所示的浮雕文字效果，并分别保存为"液化浮雕文字效果.psd"和"液化浮雕文字效果.jpg"。

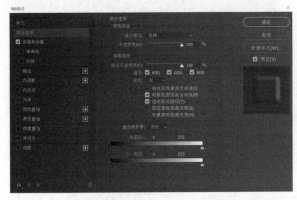

图7-36　浮雕参数设置

图7-37　液化浮雕文字效果

相关知识

一、自适应广角滤镜

自适应广角滤镜是Photoshop CC中针对使用广角镜头、超广角镜头及鱼眼镜头拍摄而造成的镜头扭曲，从而进行校正的特殊滤镜，它可以快速拉直此类图像中弯曲的线条。例如，校正建筑物向内倾斜的现象，如图7-38所示。

（a）原图

图7-38　自适应广角滤镜应用

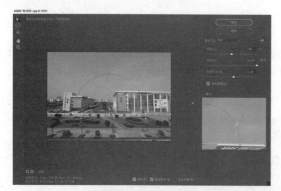
（b）使用自适应广角滤镜校正

（c）校正后的图像

图7-38　自适应广角滤镜应用（续）

二、Camera Raw滤镜

在Photoshop CC中针对复杂光线下拍摄的图像，可以利用Camera Raw滤镜调整其曝光、主色调、对比度和饱和度，从而修正原图中不足的部分。例如，图7-39（a）图片明显曝光不足，通过Camera Raw滤镜处理后效果如图7-39（c）所示，前后效果非常明显。

（a）原图

（b）利用Camera Raw滤镜校正

（c）修复后的图片

图7-39　Camera Raw滤镜应用

三、镜头校正滤镜

镜头校正滤镜以修复常见的镜头瑕疵，如桶形失真、枕形失真、晕影和色差等，也可以使用该滤镜旋转图像，或修复由于相机在垂直或水平方向上倾斜而导致的图像透视错视现象。镜头校正滤镜的校正效果如图7-40所示。

（a）原图

（b）利用镜头校正滤镜校正

（c）修复后的图片

图7-40　镜头校正滤镜应用

四、液化滤镜

液化滤镜可以制作出各种类似液化的图像变形效果。液化滤镜的校正效果如图7-41所示。

（a）原图

图7-41　液化滤镜的校正效果

（b）使用液化滤镜调整　　　　　　（c）校正后的图片

图7-41　液化滤镜的校正效果（续）

五、消失点滤镜

消失点滤镜可以制作建筑物或者任何矩形对象的透视效果。

六、3D滤镜

3D滤镜可以对图像整体或者部分做三维立体变形，从而产生三维立体效果。3D滤镜的典型应用是将图案附着在特定形状的物体上，包括立方体球体以及圆柱体。Photoshop CC系统提供的3D滤镜有两种：一种是生产凹凸图，如图7-42所示；另一种是生成法线图，如图7-43所示。

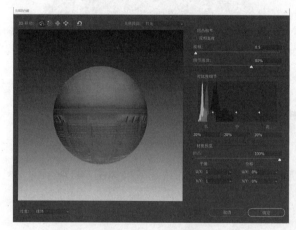

图7-42　生成凹凸图

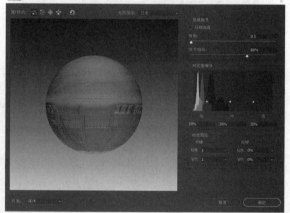

图7-43　生成法线图

七、风格化滤镜

风格化滤镜可以产生印象派以及其他风格画派作品的效果，用于完全模拟真实艺术手法进行创作。风格化滤镜菜单如图7-44所示，图7-45所示原图应用不同的滤镜后制作出的效果，如图7-46所示。

图7-44　风格化滤镜菜单　　　　　　图7-45　原图

查找边缘效果　　　　等高线效果　　　　风效果

浮雕效果　　　　扩散效果　　　　拼贴效果

曝光过度效果　　　　凸出效果　　　　油画效果

图7-46　风格化滤镜效果

八、模糊滤镜

模糊滤镜可以使图像中过于清晰或对比度强烈的区域产生模糊效果，也可用于制作柔和阴影。模糊滤镜菜单如图7-47所示，图7-48所示原图应用不同滤镜后制作出的效果如图7-49所示。

图7-47 模糊滤镜菜单

图7-48 原图

表面模糊效果

动感模糊效果

方框模糊效果

高斯模糊效果

镜头模糊效果

径向模糊效果

特殊模糊

形状模糊

图7-49 模糊滤镜的效果

九、模糊画廊滤镜

使用模糊画廊，可以通过直观的图像控件快速创建截然不同的照片模糊效果。每个模糊工具都提供直观的图像控件来应用和控制模糊效果，如图7-50所示。

图7-50 模糊画廊滤镜设置窗口

十、扭曲滤镜

扭曲滤镜效果可以生成一组从波纹到扭曲图像的变形效果。扭曲滤镜菜单如图7-51所示。图7-52所示原图在应用不同的滤镜后制作出的效果如图7-53所示。

图7-51 扭曲滤镜菜单　　　　　　　　图7-52 原图

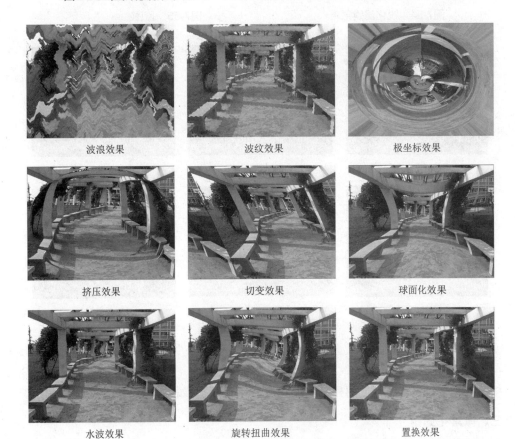

波浪效果　　　　　　波纹效果　　　　　　极坐标效果

挤压效果　　　　　　切变效果　　　　　　球面化效果

水波效果　　　　　　旋转扭曲效果　　　　　　置换效果

图7-53 扭曲滤镜的效果

十一、锐化滤镜

锐化滤镜可以通过生成更大的对比度来使图像清晰化和增强处理图像的轮廓。此组滤镜可减少图像修改后产生的模糊效果。锐化滤镜菜单如图7-54所示，图7-55所示原图应用不同滤镜后制作出的效果如图7-56所示。

图7-54 锐化滤镜菜单

图7-55 原图

USM锐化效果

防抖效果

进一步锐化效果

锐化边缘效果

智能锐化效果

锐化效果

图7-56 锐化滤镜的效果

十二、视频滤镜

视频滤镜属于Photoshop CC的外部接口程序，用来从摄像机输入人像或将图像输出。

十三、像素化滤镜

像素化滤镜可以用于将图像分块或者将图像平面化。像素化滤镜菜单如图7-57所示，图7-58所示原图应用不同滤镜后制作出的效果如图7-59所示。

图7-57 像素化滤镜菜单

图7-58 原图

彩块化效果

彩色半调效果

点状化效果

晶格化效果

马赛克效果

碎片效果

铜板雕刻效果

图7-59 像素化滤镜的效果

十四、渲染滤镜

渲染滤镜可以用于将图像分块或者将图像平面化。渲染滤镜菜单如图7-60所示，图7-61所示原图应用不同滤镜后制作出的效果如图7-62所示。

图7-60 渲染滤镜菜单

图7-61 原图

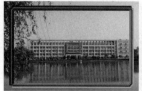
图片框效果

树效果

分层云彩效果

光照效果

镜头光晕效果

纤维效果

云彩效果

图7-62　各滤镜的效果

十五、杂色滤镜

杂色滤镜可以添加、移去杂色（或带有随机色阶的像素），制作出着色像素图案的纹理。杂色滤镜菜单如图7-63所示，图7-64所示原图应用不同滤镜后制作出的效果如图7-65所示。

图7-63　渲染滤镜菜单

图7-64　原图

减少杂色效果

蒙尘与划痕效果

去斑效果

添加杂色效果

中间值效果

图7-65　各滤镜的效果

十六、其他滤镜

其他滤镜菜单如图7-66所示，图7-67所示原图应用不同滤镜后制作出的效果如图7-68所示。

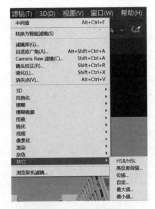

图7-66 其他滤镜菜单

图7-67 原图

HSB/HSL效果

高反差保留效果

位移效果

自定效果

最大值效果

最小值效果

图7-68 其他滤镜的效果

任务三 利用通道更换图像背景

在Photoshop CC环境中，学习使用"通道"面板抠出人像，结合其他工具和命令更换图像背景，从而掌握通道的操作。

应用"通道"面板可以对通道进行创建、复制、删除、分离、合并等操作。

任务描述

启动Photoshop CC软件，打开本书提供的素材文件，制作图7-69所示的效果，并分别保存为"彩绘钢笔画效果.psd"和"彩绘钢笔画效果.jpg"。

任务实施

步骤1 打开素材库中的"使用通道更换背景底纹"文件，如图7-70所示。

图7-69 彩绘钢笔画效果

图7-70 底纹素材

步骤2 单击"图层"面板底部的"创建新的填充或调整图层"按钮，在弹出的菜单中选择"渐变映射"命令，在"图层"面板中生成"渐变映射1"图层，同时打开"渐变映射"面板，单击面板中的"点按可编辑渐变"按钮，弹出"渐变编辑器"对话框，在"位置"选项中分别输入0、31、60、80、100五个位置点，分别设置五个位置点颜色的RGB值为0（R：250，G：246，B：183），31（R：211，G：232，B：209），60（R：166，G：218，B：230），80（R：121，G：188，B：211），100（R：81，G：159，B：187），如图7-71所示，单击"确定"按钮，图像效果如图7-72所示。

图7-71 创建新的效果图层

图7-72 添加效果后的底纹图

步骤3 打开素材库中的"使用通道更换背景人像"文件，如图7-73所示。

步骤4 在"通道"面板中选择"绿"通道，将其拖动到面板底部的"创建新通道"按钮上进行复制，生成新的通道"绿拷贝"，图像效果如图7-74所示。

图7-73 原素材　　　　　　　　图7-74 建立绿色通道副本

步骤5 选择"图像"→"调整"→"色阶"命令，弹出"色阶"对话框，选项的设置如图7-75所示，单击"确定"按钮，效果如图7-76所示。

步骤6 将前景色设为黑色。选择"画笔工具"，在属性栏中单击"画笔"下拉按钮，在弹出的面板中选择需要的画笔形状，根据需要调整画笔大小，将人物部位涂抹为黑色，效果如图7-77所示。

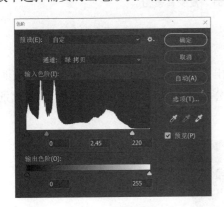

图7-75 调整色阶　　　　　图7-76 调整色阶后的效果　　　图7-77 涂黑人物图像

步骤7 选择"图像"→"调整"→"色阶"命令，弹出"色阶"对话框，选项的设置如图7-78所示，单击"确定"按钮，效果如图7-79所示。

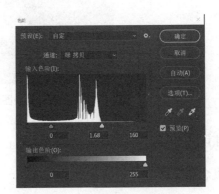

图7-78 调整色阶　　　　　图7-79 调整色阶后的效果

步骤8 按住【Ctrl】键的同时单击"绿拷贝"通道缩览图，图像周围生成选区，按

【Ctrl+Shif+I】组合键将选区反选，如图7-80所示。

步骤9 选中"RGB"通道，选择"图层"面板。按【Ctrl+J】组合键复制"背景"图层中选区内的人物，生成新的图层，如图7-81所示。选择"移动工具"，将选区中的图像拖动到背景图像的适当位置并调整大小，最终效果制作完成，效果见图7-69。

图7-80　选区选定

图7-81　复制背景图层

任务拓展

打开本书提供的素材文件，利用"通道"面板抠出人像，结合其他工具和命令，按照任务三的方法，更换图像的背景，效果如图7-82所示，分别保存为"利用通道更换图像背景拓展.psd"和"利用通道更换图像背景拓展.jpg"。

图7-82　利用通道更换图像背景拓展

相关知识

一、通道的概念和分类

1.通道的定义

通道是Photoshop CC中重要的概念之一，在Photoshop CC中包含3种类型的通道，即颜色通道、Alpha 通道和专色通道。颜色通道保存了图像的颜色信息，Alpha 通道用来保存选区，专色通道用来存储专色。通道与选区可以相互转化，通过编辑单个通道可以得到一些特殊的视觉效果。

当打开一个图像时，"通道"面板中会自动创建该图像的颜色信息通道。在图像窗口中看到的彩色图像是复合通道的图像，它是由所有颜色通道组合的结果，观察"通道"面板可以看到，此时所有的颜色通道都处于激活状态。

这些不同的通道保存了图像的不同颜色信息。如 RGB 模式下的图像："红"通道保存了图像红色像素的分布信息。"蓝"通道保存了图像中蓝色像素的分布信息，正是由于这些原色通道的存在，所有通道合成在一起时，才会得到具有彩色效果的图像。

2. 了解通道的类型和作用

（1）颜色通道

颜色通道用于保存图像的颜色信息，称为原色通道。打开一幅图像，Photoshop会自动创建相应的颜色通道，所创建的颜色通道的数量取决于图像的颜色模式，而非图层的数量。

颜色通道记录所有打印和显示颜色的信息，这些通道的名称与图像的模式相对应，RGB模式的图像包含红、绿、蓝3个通道，如图7-83所示；CMYK 模式的图像包含青色、品红、黄色和黑色4个通道，如图7-84所示；Lab模式的图像包含明度、a、b共 3 个通道，如图7-85所示。在绘制、编辑图像或对图像进行色彩调整、应用滤镜时，实际上是在改变颜色通道中的信息；在对图像进行校色处理时，可以直接从通道列表中选择所需的颜色通道进行操作。

图7-83　RGB模式颜色通道

图7-84　CMYK模式颜色通道

（2）Alpha 通道

Alpha 通道用于创建和存储选区。在图像编辑中经常制作一个选区，将来可能还要再次使用它，这时选择"选择"→"存储选区"命令，将该选区作为永久的 Alpha 选区通道保存起来。当再次需要使用该选区时，可选择"选择"→"载入选区"命令，即可调出通道表示的选择区域，或者按住【Ctrl】键的同时单击通道上的缩览图即可载入选区，十分方便。

Alpha 通道是一个8位的灰度图像，可以使用绘图和修图工具进行各种编辑，也可使用滤镜进行各种处理，从而得到各种复杂的效果，如图7-86所示。

图7-85　Lab模式颜色通道　　　　　　　　　　图7-86　Alpha 通道

（3）专色通道

在一些高档的印刷品制作时，往往需要在四种原色油墨之外加印一些其他颜色（如金色、银色等），这些加印的颜色就是"专色"。印刷时每一种专色油墨都对应着一块印版，为了准确地印刷色彩或印制如烫金、压凹凸等特殊效果时，需要定义相应专色通道，以存放专色油墨的浓度、印刷范围等信息，如图7-87所示。

总结通道在图像处理中的作用，大致可归纳为以下几个方面：

①使用通道可以存储、制作精确的选区，以及对选区进行各种处理。

②若把通道看成由原色组成的图像，可使用图像菜单的调整命令对单色通道进行色阶、曲线和色相/饱和度的调整。

③使用滤镜对单色通道（包括Alpha通道）进行各种处理，可以改善图像的品质或创建复杂的艺术效果。

3.通道面板

选择"窗口"→"通道"命令，打开"通道"面板，如图7-88所示。

图7-87　建立专色通道　　　　　　　　　　图7-88　"通道"面板

"通道"面板中各组成部分的含义如下：

通道可视性：用于控制各通道的显示隐藏状态，具体操作方法与"图层"面板中的相同。

缩览图：用于预览各通道的内容。

通道快捷键：各通道右侧显示的【Ctrl+～】、【Ctrl+1】、【Ctrl+2】和【Ctrl+3】等组合键，按相应的组合键，即可选中所需要的通道。

当前工作通道：称当前活动通道，当前工作通道将以蓝色显示，若要将某一通道设为当前工作通道，只需要单击该通道的名称或按相应的快捷键即可。

将通道作为选区载入：单击该按钮，可将当前工作通道中的内容转换为选区。若将某一通道拖动到该按钮处，则可直接将通道载入为选区。

将选区存储为通道：单击该按钮，可以将当前图像中创建的选区转换成为一个蒙版，并保存至新创建的 Alpha 通道中。该功能与选择"选择"→"存储选区"命令的功能相同，只不过前者更加快捷而已。

创建新通道：单击该按钮，可以快速创建一个新通道。在 Photoshop 中，最多允许有24个通道，其中包括各单色通道和主通道。

"通道"面板左侧的显示图标控制主图像窗口中的显示内容，在显示图标上单击即可切换开关状态。高亮显示的通道是可以进行编辑的激活通道。单击通道名称可以激活该通道；如果想同时激活多个通道，可以按住【Shift】键单击这些通道的名称。同时点亮图像中所有颜色通道与任何一个Alpha选区通道的显示图标，会看到一种类似于快速蒙版的状态，选区保持透明，而选区外的区域则被一种具有透明度的蒙版颜色所覆盖，可以直观地区分出Alpha选区通道所表示选择区的范围。

二、通道编辑

与"图层"面板一样，"通道"面板用于创建并管理通道。使用它可以创建新通道、保存选区至通道、复制和删除通道，以及分离和合并通道。

1. 新建通道

单击"通道"面板右上角的面板菜单按钮，在弹出的面板菜单中选择"新建通道"命令，弹出"新建通道"对话框，如图7-89所示。

图7-89 "新建通道"对话框

该对话框中主要选项的含义如下：

名称：用于设置新通道的名称。

被蒙版区域：选中该单选按钮，新建通道中有颜色的区域表示为屏蔽区域，没有颜色的区域为选区范围，从而得到一个全部填充黑色的通道。

所选区域：选中该单选按钮，新建一个全部填充白色的通道。

颜色：用于设置显示蒙版的颜色，系统默认为半透明的红色。

蒙版颜色用于区分屏蔽区域与非屏蔽区域，在"通道"面板中，若同时显示复合颜色通道，则可以在图像窗口中看到用颜色指示的通道蒙版。

2. 保存选区至通道

在图像窗口中建立的选区是临时性的，一旦建立新的选区，原来的选区将不复存在。因此对于一些需要重复使用的选区，需要将其保存至通道。

要将创建的选区保存至通道，可单击"通道"面板底部的"将选区存储为通道"按钮，即可快速地将创建的选区保存至"通道"面板中。

将选区保存至通道，实际上是将选区转换为蒙版，然后以 8 位灰度图的形式保存至通道。蒙版中有颜色的区域为非选择区域，白色区域为选择区域，灰色区域为羽化区域。

将选区保存至"通道"面板后，当需要使用时，只需按住【Ctrl】键的同时在"通道"面板中单击该通道的名称，或选择该通道后，单击面板底部的"将通道作为选区载入"按钮，即可快速地载入保存的通道为选区。

3. 复制和删除通道

复制和删除通道的操作与复制和删除图层的操作相同。

（1）复制通道

复制通道的操作方法有 3 种，分别如下：

①在"通道"面板中选择需要复制的通道，单击面板右上角的面板菜单按钮，在弹出的面板菜单中选择"复制通道"命令，弹出"复制通道"对话框，单击"确定"按钮，即可完成复制操作，如图7-90所示。

②选择需要复制的通道，直接将其拖动到

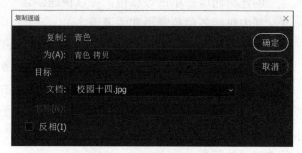

图7-90　"复制通道"对话框

"通道"面板底部的"创建新通道"按钮上，即可快速复制所选择的通道。

③在"通道"面板中选择需要复制的通道并右击，在弹出的快捷菜单中选择"复制通道"命令，弹出"复制通道"对话框，在其中设置好相应的选项，单击"确定"按钮，即可完成复制操作。

（2）删除通道

删除通道的操作方法有如下几种：

①在"通道"面板中选择需要删除的通道，单击面板右上角的面板菜单按钮，在弹出的面板菜单中选择"删除通道"命令即可。

②选择需要删除的通道，直接将其拖动到"通道"面板底部的"删除当前通道"按钮上即可。

③选择需要删除的通道，按住【Alt】键的同时单击"通道"面板底部的"删除当前通道"按钮，此时将弹出一个提示框，单击"是"按钮，即可删除所选择的通道。

在"通道"面板中选择需要删除的通道并右击，在弹出的快捷菜单中选择"删除通道"命令。

（3）分离和合并通道

当编辑的图像是CMYK或RGB模式，单击"通道"面板右上角的面板菜单按钮，在弹出的面板菜单中选择"分离通道"命令，此时系统自动将每个通道独立地分离为单个文件并关闭原文件。打开的图像分离通道后的效果，就像是分为四色印刷的独立胶片一样。如果图像中有专色或 Alpha 选区通道时，生成的灰度文件会更多，多出的文件会以专色通道或 Alpha 选区通道的名称来命名。

对于分离通道产生的文件，在未改变这些文件尺寸的情况下，可以单击"通道"面板右上角的面板菜单按钮，在弹出的面板菜单中选择"合并通道"命令，弹出"合并通道"对话框，单击"模式"下拉按钮，在弹出的下拉列表中选择所需要合并的模式，单击"确定"按钮，此时将弹出相应的对话框。在每个通道名称的下拉菜单中选择作为该通道图像的名称，单击"确定"按钮，即可将分离的通道图像合并为最初选择的模式图像，如图7-91和图7-92所示。

图7-91　分离通道

图7-92　分离后的颜色通道

任务四　利用通道应用图像命令制作图像特殊效果

在Photoshop CC环境中，学习使用通道应用图像命令，通过命令将图像的图层和通道进行特殊处理再混合，从而得到特殊的图像效果。

任务描述

启动Photoshop CC软件，打开本书提供的素材文件，制作图7-93所示的正片负冲的效果，并分别保存为"应用图像命令效果.psd"和"应用图像命令效果.jpg"。

图7-93　应用图像命令效果图

任务实施

步骤1 打开本书提供的素材文件，如图7-94所示。

图7-94 原图

步骤2 选择"图像"→"应用图像"命令，进入图片的蓝色通道，使用混合模式正片叠底，不透明度设为50%，勾选"反相"复选框，如图7-95所示。调整效果如图7-96所示。

图7-95 蓝色通道应用图像设置

图7-96 蓝色通道应用图像设置后效果

步骤3 进入图片的"绿色"通道，使用混合模式"正片叠底"，不透明度设置为20%，勾选"反相"复选框，如图7-97所示。调整效果如图7-98所示。

图7-97 绿色通道应用图像设置

图7-98 绿色通道应用图像设置后效果

步骤 4 进入图片的"红色"通道，使用混合模式"线性加深"，不透明度设置为100%，如图7-99所示。调整效果如图7-100所示。

图7-99 红色通道应用图像设置　　　　　　图7-100 蓝色通道应用图像设置后效果

步骤 5 使用调整图层，调整图片的色阶、对比度、饱和度，最终效果见图7-93。

相关知识

一、应用图像

选择"图像"→"应用图像"命令，可以将图像的图层或通道"源"与现用图像"目标"的图层或通道混合。

使用"应用图像"的不同图像文件像素尺寸需要一致，如果两个图像的颜色模式不同，如一个图像是 RGB 模式，而另一个图像是 CMYK模式，则可以在图像之间将单个通道复制到其他通道，但不能将复合通道复制到其他图像中的复合通道。

打开源图像和目标图像，并在目标图像中选择所需图层和通道。若要使用源图像中的所有图层，则选择"合并图层"。选择合适的混合模式，应用图像与计算通道的混合模式包括：正常、变暗、正片叠底、颜色加深、线性加深、变亮、滤色、颜色减淡、线性减淡、叠加、柔光、强光、亮光、线性光、点光、相加、减去、差值、排除，其效果与图层混合模式类似。输入不透明度以指定效果的强度。选择"保留透明区域"将效果应用到结果图层的不透明区域。

如果要通过蒙版应用混合，选择"蒙版"，然后选择包含蒙版的图像和图层，可以选择任何颜色通道或Alpha 通道用作蒙版；也可使用基于现有选区或选中图层（透明区域）边界的蒙版，选择"反相"反转通道的蒙版区域和未蒙版区域，如图7-101所示。

二、运算

使用通道计算功能，直接用不同的通道进行计算，可将两个不同图像中的两个通道混合起来，或者把同一幅图像中的两个通道混合起来，生成新的Alpha通道，如图7-102所示。

图7-101　应用图像命令对话框

图7-102　计算命令对话框

小　　结

通过本单元内容的学习，读者应重点掌握以下内容：

- 掌握Photoshop CC中强大的滤镜功能，包括滤镜的分类，滤镜的重复使用以及各种滤镜的使用技巧。
- 掌握通道的使用，以及通过应用图像和运算产生特殊的图像效果。

练　　习

利用滤镜制作图7-103所示特殊效果文字。

图7-103　练习

单元 ⑧ 综合案例制作

前面七单元详细讲解了Photoshop CC的基本工具及相关操作。为了及时有效地巩固所学的知识，本单元将以综合案例的形式引导读者进行学习，通过本单元的学习，读者可以将Photoshop操作技能与平面设计理论完美结合，更加深入地领会平面设计的创作思路和流程，对相关工具和命令的使用，也将更加熟练，设计能力、制作能力得到进一步提高。

学习目标：

- 能够综合运用Photoshop CC工具和命令制作预期的效果
- 能够综合使用相关素材表现设计主题
- 熟悉并掌握平面设计的创作思路和流程

综合案例一　制作杂志内页

🖱️ 任务描述

启动Photoshop CC软件，综合运用素材及软件相关工具、命令制作图8-1所示的杂志内页，并分别保存为"杂志内页-千岛湖.psd"和"杂志内页-千岛湖.jpg"。

图8-1　杂志内页-千岛湖

任务实施

步骤1 启动Photoshop CC软件，选择"文件"→"新建"命令，打开"新建"对话框，设置宽度为297 mm、高度为210 mm、RGB颜色模式，单击"确定"按钮创建文件，如图8-2所示。

图8-2　创建文件

步骤2 选择"文件"→"存储为"命令（或者按【Ctrl+Shift+S】组合键），选择文件的"保存类型"为PSD，命名为"杂志内页-千岛湖"，在制作过程中注意文件的实时存储。

步骤3 按【Ctrl+R】组合键调出"标尺"，在图像编辑区正中央创建一条垂直参考线，将画布一分为二，如图8-3所示。

步骤4 选择"文件"→"置入"命令，选择"素材-千岛湖"，打开文件，图层名称为"素材-千岛湖"。

步骤5 按【Ctrl+T】组合键调出定界框，调整图像大小，并将其置于画布右侧位置。选中该图层，选择"图层"→"栅格化"→"智能对象"命令，将"素材-千岛湖"图层栅格化，如图8-4所示。

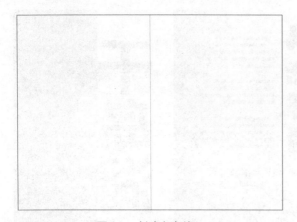

图8-3　创建参考线

图8-4　置入素材并栅格化图层

步骤6 观察素材发现，图像偏暗，选择"图像"→"调整"→"曲线"命令，打开"曲线"对话框,调整曲线,提亮图层,如图8-5所示。

步骤7 选择"矩形选框工具",在"素材-千岛湖"图层右侧创建选区,复制选区,新建"图层1",粘贴选区,如图8-6所示。

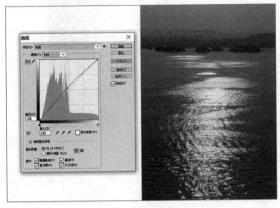

图8-5 调整图层亮度

图8-6 粘贴选区至"图层1"

步骤8 为了便于读者查看效果,隐藏"素材-千岛湖"图层,粘贴选区后效果如图8-7所示。

步骤9 选择"文字工具",输入文字"千岛湖",创建文字图层。选择"窗口"→"字符"命令,调出"字符"面板。在"字符"面板中设置"千岛湖"字体为"微软雅黑",字号为"150点",如图8-8所示。

图8-7 隐藏"素材-千岛湖"图层

图8-8 创建"千岛湖"文字图层

步骤10 为了创作剪贴蒙版,需将"千岛湖"文字图层调整到"素材-千岛湖"图层之下,如图8-9所示。

步骤11 显示步骤5中隐藏的"素材-千岛湖"图层,选中作为剪贴层的"千岛湖"文字图层,选择"图层"→"创建剪贴蒙版"命令(或者按【Alt+Ctrl+G】组合键),创建剪贴蒙版,效果如图8-10所示。

图8-9　调整"千岛湖"文字图层叠放顺序

图8-10　创建剪切蒙版

步骤12 选择"横排文字工具"，分别输入"风""光""霁""月"，创建四个文字图层，文字字体为"微软雅黑"，字号为"72点"。此时的图层信息如图8-11所示。

步骤13 调整文字排列及位置。选中四个文字图层，将其纵向排列，执行"水平居中对齐"和"垂直居中分布"，置于图像编辑区域左上部，如图8-12所示。

图8-11　创建"风""光""霁""月"文字图层

图8-12　创建"风""光""霁""月"文字图层

步骤14 选中"风"和"霁"文字图层，设置文字颜色为（R: 128，G: 128，B: 128）。分别复制"风"和"霁"文字图层，将复制的文字颜色更改为（R: 70，G: 70，B: 70），如图8-13所示。

步骤15 选择"风-拷贝"文字图层，按【Ctrl+T】组合键，右击选区，在弹出的快捷菜单中选择"斜切"命令，向左移动定界框，制作斜切效果，如图8-14所示。

风
光
霁
月

图8-13　调整文字颜色　　　　　图8-14　制作斜切效果

步骤16 单击"图层"面板底部的"添加图层蒙版"按钮，给"风-拷贝"文字图层创建蒙版，如图8-15所示。

步骤17 选择"画笔工具"，设置画笔"柔边圆"，前景色黑色（R：0，G：0，B：0），调整不透明度在蒙版上涂抹，使其与背景更加融合，如图8-16所示。

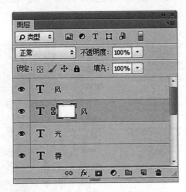

图8-15　添加图层蒙版　　　　　图8-16　添加图层蒙版

步骤18 "霁-拷贝"文字图层的操作与"风-拷贝"文字图层的操作相同，效果如图8-17所示。

步骤19 选中"光"和"月"文字图层，设置文字颜色为（R：175，G：175，B：175）。分别复制"光"和"月"文字图层，将复制的文字颜色设置为（R：128，G：128，B：128）。

步骤20 "光-拷贝"和"月-拷贝"文字图层的操作与"风-拷贝"文字图层的操作相同，如图8-18所示。

图8-17　调整"风""霁"文字图层

图8-18　调整"光""月"文字图层

步骤21 选中"风""光""霁""月"文字图层及其拷贝图层，按【Ctrl+G】组合键将其编为一组，自动生成的名称为"组1"，双击"图层"面板中的"组1"，将其重命名为"风光霁月"，如图8-19所示。

步骤22 选择"横排文字工具"，在图像编辑区拖动鼠标创建区域文字。打开"素材-千岛湖简介.txt"文件，将其复制到区域文字框内。设置文字字体为"微软雅黑"，字号为"10点"，文字颜色为（R：128，G：128，B：128）。（为了便于调整区域文字之间的间隔，可将素材拆分为三段区域文字）效果如图8-20所示。

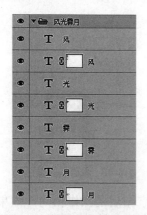

图8-19　图层编组及重命名

图8-20　创建区域文字

步骤23 选择"文件"→"置入"命令，选择"素材-地图"，打开文件，图层名称为"素材-千岛湖"。

步骤24 按【Ctrl+T】组合键，调整图像大小，将其置于画布左侧下部位置。选中图层，选择"图层"→"栅格化"→"智能对象"命令，将"素材-地图"图层栅格化，如图8-21所示。

步骤25 选择"钢笔工具"，设置"钢笔工具"属性栏中的"工具模式"为"形状" ◇·形状，无填充，描边色为（R：128，G：128，B：128），描边大小为"3点"。选择"缩放工具"，将图片放大至合适的尺寸，使用"钢笔工具"勾勒地图轮廓，如图8-22所示。

图8-21 置入"素材-地图"

图8-22 钢笔工具绘制形状

步骤26 使用"钢笔工具"沿地图路径创建形状之后,结合使用"直接选择工具"和"转换点工具"调整路径,图层自动生成名称为"形状1",如图8-23所示。

图8-23 使用工具调整锚点

步骤27 选择"自定义形状工具"中的箭头,在地图上千岛湖国家森林公园所在地做标识,创建自定义形状。填充方式为渐变填充,红色(R:255,G:0,B:0)向白色(R:255,G:255,B:255)渐变,图层名称为"形状2",如图8-24所示。

步骤28 选择"横排文字工具",输入"淳安县",设置文字字体为"微软雅黑",字号为"24点",文字颜色为(R:120,G:126,B:120)。输入"千岛湖国家森林公园",设置文字字体为"微软雅黑",字号为"10点",文字颜色为(R:120,G:126,B:120)。隐藏"素材-地图"图层,如图8-25所示。

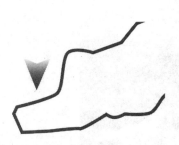

图8-24 添加自定义形状

图8-25 手绘简易地图

步骤29 选中"形状1""形状2""淳安县""千岛湖国家森林公园"四个图层,按【Ctrl+G】组合键将其编为一组,自动生成的名称为"组1",双击"图层"面板中的"组1",

将其重命名为"手绘地图",如图8-26所示。

步骤30 选择"矩形工具"在左侧画布中绘制矩形,填充为渐变填充,从黑色(R:0,G:0,B:0)到透明渐变,无描边,调整该图层的透明度为40%,制作杂志内页效果,完成综合案例,如图8-27所示。

图8-26 "手绘地图"组   图8-27 "杂志内页-千岛湖"效果图

步骤31 选择"文件"→"存储为"命令(或者按【Ctrl+Shift+S】组合键),选择文件的"保存类型"为JPEG,命名为"杂志内页-千岛湖"。

综合案例二 打造温馨色调数码照片

任务描述

根据提供的数码照片,进行亮度、饱和度调整,并进行温馨色调类型调色,最终文件保存为"数码照片调色.psd"和"数码照片调色.jpg",效果如图8-28所示。

图8-28 数码照片调色

任务实施

步骤1 打开需要处理的素材图像，如图8-29所示。

图8-29 打开素材图像

步骤2 观察素材图像，发现照片对比度不强，图片偏暗，所以按【Ctrl+J】组合键复制图层，然后将复制后的图层混合模式修改为"滤色"，以提亮照片并提高对比度，效果如图8-30所示。

步骤3 按【Ctrl+Shift+Alt+E】组合键盖印可见图层，方便后期继续进行色彩调整，具体如图8-31所示。

图8-30 更改图层模式

图8-31 盖印可见图层

步骤4 选择工具箱中的"减淡工具"，将硬度修改为0%，选择合适的画笔大小，在人物脸上进行涂抹，以增加人物脸部亮度，效果如图8-32所示。

步骤5 按【Ctrl+U】组合键打开"色相/饱和度"对话框，适当降低照片饱和度，具体参数如图8-33所示。

图8-32 使用"减淡工具"提亮人物脸部

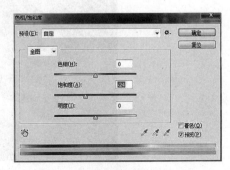

图8-33 "色相/饱和度"对话框

步骤6 按【Ctrl+B】组合键打开"色彩平衡"对话框，按照图8-34所示进行调整，效果如图8-35所示。

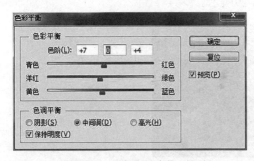

图8-34 "色彩平衡"对话框　　　　　　　　图8-35 暖色调效果

步骤7 选择"滤镜"→"渲染"→"镜头光晕"命令（见图8-36），打开"镜头光晕"对话框，按照图8-37所示进行调整，最终效果如图8-38所示。

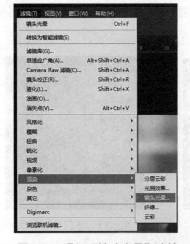

图8-36 添加"镜头光晕"滤镜　　　　　　　图8-37 "镜头光晕"对话框

图8-38 项目最终效果图

综合案例三 制作手机App图标

任务描述

启动Photoshop CC软件，综合运用素材及软件相关工具、命令制作图8-39所示的手机App图标，并分别保存为"手机App图标.psd"和"手机App图标.jpg"。

图8-39 手机App图标效果图

任务实施

步骤1 启动Photoshop CC，打开"新建"对话框，画布宽度设置为550像素，高度设置为400像素，分辨率设置为72像素/英寸，颜色模式为RGB颜色，单击"确定"按钮，如图8-40所示。

步骤2 在矢量图形中选择圆角矩形，单击画布调出设置参数面板设置圆角矩形的宽度为180像素，高度为210像素，上半部分半径为90像素，下半部分半径为40像素，单击"确定"按钮，如图8-41所示。

图8-40 "新建"对话框

图8-41 创建圆角矩形

步骤3 圆角矩形绘制好后，在调出的属性面板中设置相应的属性参数值。将填充色设置为粉色,将描边色去除,切换到"选择工具"状态下,在"图层"面板中同时选中图形和背景,进行垂直和水平居中对齐,如图8-42所示。

步骤4 在圆角矩形上方新建一个图层,按住【Alt】键单击两个图层中间,建立剪切蒙版,使上方所制作的对象,可以完全覆盖在这个图形上,切换到"画笔工具",选择柔边缘画笔,颜色设置为黄色,并按住【[】和【]】键调整画笔大小,在该层中进行涂抹,如图8-43所示。

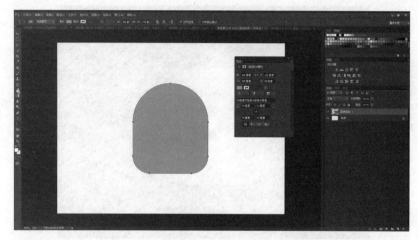

图8-42 填充效果

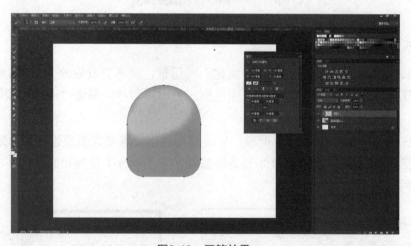

图8-43 画笔效果

步骤5 选中圆角矩形图层,按【Ctrl+J】组合键复制一层,将复制出来的图层移动到最上方,命名为"高光"层,填充为白色,将不透明度设置为40%,在上方属性栏中将图形按比例缩小为原来的95%。切换到矢量图形工具上方,在属性栏中设置为白色到白色的渐变,其中一端的不透明度设置为零。通过拖动不透明度滑块控制颜色呈现的范围。为"高光"图层增加图层蒙版,切换到画笔工具,前景色设置为黑色,在边缘部分适度涂抹,使边缘柔和过渡。此步骤可重复一次。使当前图形边缘留出适当高光区域即可。底层图形绘制完成后按【Ctrl+G】组合键进行编组并重命名为"底",如图8-44所示。

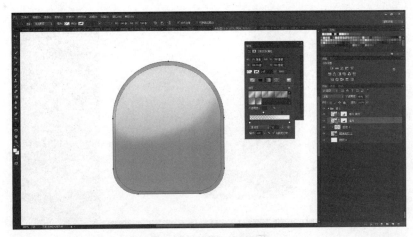

图8-44 底图制作图层展示

步骤6 在"图层"面板下方新建一个组，命名为镜头。选择椭圆工具，单击画布，调出参数设置面板，绘制120像素×120像素的圆，设置其描边宽度为7像素，颜色为白色到浅粉色的渐变色，具体参数可参考图8-45，渐变角度设为45°，命名当前图层为圆形图层。

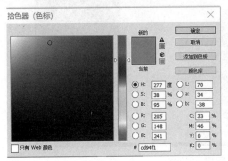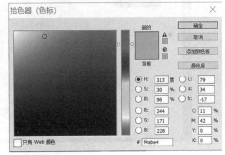

图8-45 渐变色彩调整参数

步骤7 选中圆形图层，按【Ctrl+J】组合键复制，复制出五层，分别给五个图层命名为内投影、光泽、中间圆、白点、高光，选中复制的五层后，统一去除掉描边，隐藏高光层。选中白点图层，将图层中对象大小设置为20像素×20像素；选中中间圆图层，大小调整为60像素×60像素；选中光泽图层，大小设置为90像素×90像素，选中内投影图层，大小设置为103像素×103像素；打开高光图层，将填充关掉，描边设置为白色，大小调整为100像素×100像素。修改各图层圆形的过程中，可以暂时改变各个图层的填充颜色，以便区分各个图层。按住【Shift】键，选中所有圆形图层，居中对齐，如图8-46所示。

步骤8 单独对每个图层进行调整，选中内投影图层，将它上方的几个图层隐藏。打开矢量图形工具，在上方的属性栏将其填充色改为透明到黑色的过渡，将其图层模式改为叠加，拖动上方不透明度滑块调整颜色的呈现范围，滑块离黑色越近，阴影呈现的范围越小，将整体的不透明度适当降低，如图8-47所示。

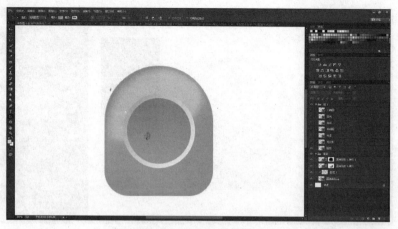

图8-46　圆形绘制效果

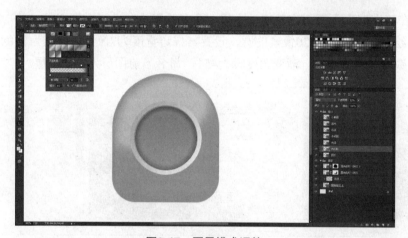

图8-47　图层模式调整

步骤9 选中光泽图层，给其填充白色到白色的过渡，选择径向渐变，设置左侧透明度为0，拖动左侧透明度滑块，设置光泽区域的大小，适当降低不透明度，具体参数如图8-48所示。

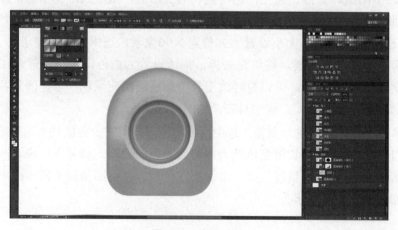

图8-48　光泽调整

步骤10 选中中间圆图层，填充蓝色到紫色的渐变，具体参数如图8-49所示，角度设置为−45°，效果如图8-50所示。

图8-49　渐变参数调整

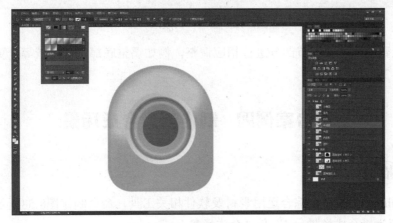

图8-50　调整效果

步骤11 选中白点图层，对其填充白色。选中高光图层，适当调整圆形大小，选择"直接选择工具"，选中相应锚点，按【Delete】键将其删除，只保留1/4圆弧，用钢笔工具通过添加锚点的方式调整圆弧的大小，打开属性设置面板将端点和转角都设置为圆角，如图8-51所示。

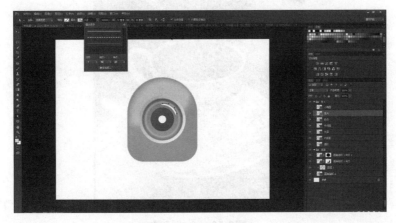

图8-51　高光部分绘制

步骤12 新建一个图层，命名为小椭圆，用椭圆工具画一个3像素×3像素的白色圆， 移动到和这段圆弧对齐，高光部分绘制完成，选中圆形图层，对其添加投影与内阴影效果，具体参数如图8-52所示。

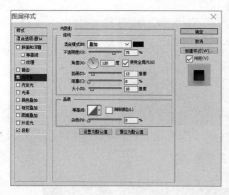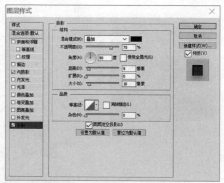

图8-52　图层样式效果调整

步骤13 检查画面，对细节部分进行相应调整，例如调整底部黄色区域等，更改背景颜色，最终效果见图8-39。

综合案例四　制作创意合成场景

任务描述

启动Photoshop CC软件，综合运用素材及软件相关工具、命令制作图8-53所示的创意合成场景，并分别保存为"合成场景.psd"和"合成场景.jpg"。

图8-53　合成场景

任务实施

步骤1 启动Photoshop CC软件，选择"文件"→"新建"命令，弹出"打开"对话框，选择"咖啡杯"，单击"打开"按钮，如图8-54所示。

步骤2 选择"文件"→"存储为"命令（或者按【Ctrl+Shift+S】组合键），选择文件的"保存类型"为PSD，命名为"花樽与花"，在制作过程中注意文件的实时存储。

步骤3 右击"形状工具"，在展开的面板中选择"椭圆工具"，如图8-55所示。

图8-54 "咖啡杯"文件

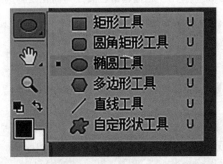

图8-55 椭圆工具

步骤4 利用"椭圆工具"在"咖啡杯"图案中画出一个与咖啡杯杯口大小相近的椭圆，选择"编辑"→"自由变换"命令（或者按【Ctrl+T】组合键调出定界框），将椭圆形状调整至与咖啡杯杯口大小一致，如图8-56所示。

步骤5 选择"文件"→"新建"命令，打开"打开"对话框，选择"荷花"，单击"打开"按钮，如图8-57所示。

图8-56 调整椭圆形状

图8-57 "荷花"文件

步骤6 使用"磁性套索工具"为荷花绘制选区，将荷花图案抠出，如图8-58所示。

步骤7 在保持荷花图案选区状态的同时，单击"添加蒙版"按钮，效果如图8-59所示。

图8-58 使用"磁性套索工具"为荷花绘制选区

图8-59 为荷花图案添加蒙版

步骤8 选择"选择工具",按住左键不动,将荷花图案直接拖动到"咖啡杯"图像中。选择"编辑"→"自由变换"命令(或者按【Ctrl+T】组合键调出定界框),将荷花形状调整至合适的大小,并将荷花图案移动到咖啡杯中,效果如图8-60所示。

步骤9 按【Ctrl+J】组合键复制图层1,得到图层1的拷贝图层,如图8-61所示。

图8-60 将"荷花"移动至"咖啡杯"图像中

图8-61 拷贝图层

步骤10 关闭图层1拷贝图层的 ◉ 按钮,设置该图层不可见。将图层1的图层蒙版删除,效果如图8-62所示。

步骤11 选择图层1并右击,在弹出的快捷菜单中选择"创建剪贴蒙版"命令(或者按住【Alt】键在图层1与形状图层中单击,即可创建剪贴蒙版),效果如图8-63所示。

图8-62 设置拷贝图层不可见并
且删除图层1的图层蒙版

图8-63 创建剪贴蒙版

步骤12 单击图层1拷贝图层的 ◉ 按钮,设置该图层可见。效果如图8-64所示。

步骤13 选择"画笔工具",设置画笔颜色为黑色,根据需要调节画笔笔触大小,在荷花图案边缘进行修饰，将多余的部分擦除，如图8-65所示。

图8-64　设置拷贝图层可见　　　　　　　　图8-65　使用画笔工具进行修饰

步骤14 选中图层1拷贝图层，选择"图像"→"调整"→"自动饱和度"命令，在弹出的窗口中调整参数，如图8-66所示。因为背景颜色较为鲜艳，调高荷花的饱和度，可以使得图像在色彩上更加趋于统一。效果如图8-67所示。

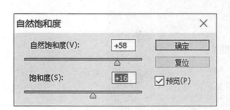

图8-66　调节自然饱和度参数　　　　　　　　图8-67　调节饱和度后效果

步骤15 现在"图层"面板中有四层图层，按【Ctrl+Alt+Shift+E】组合键进行盖印。得到的图层2即为盖印图层。效果如图8-68所示。

步骤16 右击图层2，在弹出的快捷菜单中选择"转化为智能对象"命令，如图8-69所示。

图8-68　盖印图层　　　　　　　　　图8-69　选择"转化为智能对象"命令

步骤17 选择"滤镜"→"模糊"→"高斯模糊"命令，调节高斯模糊的半径到合适的值，单击"确定"钮按，效果如图8-70所示。

步骤18 在图层界面中，选中"智能滤镜"图层蒙版，选择"画笔工具"，将画笔的前景色设置为"黑色",适当调节画笔的笔触大小,将画笔的透明度适当降低,将荷花与咖啡杯用画笔工具涂抹出来,得到荷花与咖啡杯的图案清晰,背景虚化模糊的效果,如图8-71所示。

图8-70　"高斯模糊"效果　　　　　　　　　　图8-71　"背景虚化"效果

步骤19 选择"文字工具",输入文字"花樽与花",创建文字图层。选择"窗口"→"字符"命令,调出"字符"面板。在"字符"面板中设置字体为"微软雅黑",字号为"48点",字体颜色为白色。将文字移动到合适的位置,如图8-72所示。

图8-72　创建"千岛湖"文字图层

步骤20 选择"文件"→"存储为"命令(或者按【Ctrl+Shift+S】组合键),选择文件的"保存类型"为JPEG,命名为"花樽与花"。

综合案例五　汉服社招新海报

任务描述

启动Photoshop CC软件,打开本书提供的素材文件,通过素材的拼合,进行图形图像处理,制作大学生社团招新宣传海报,如图8-73所示。

图8-73 "汉服社招新广告"

任务实施

步骤1 启动Photoshop CC软件，选择"文件"→"新建"命令（或者按【Ctrl+N】组合键），打开"新建"对话框，如图8-74所示。设置其中的参数："名称"为"汉服社DM广告单页"，"预设"设为自定，文件"宽度"为14.6 cm，"高度"为21.6 cm，"分辨率"为300像素/英寸，"颜色模式"为CMYK颜色，"背景内容"选择"白色"，新建一个空白图像文件。

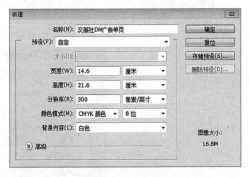

图8-74 新建文件

步骤2 选择"视图"→"标尺"命令（或者按"Ctrl+R"组合键），出现文件标尺，如图8-75所示，制作出血，选择"视图"→"新建参考线"命令，打开"新建参考线"对话框，设置其中的参数："取向"选择"水平"，"位置"为0.3 cm，如图8-76所示，然后再继续设置"取向"选择"水平"，"位置"为14.3 cm；"取向"选择"垂直"，"位置"为0.3 cm；"取向"选择"垂直"，"位置"为21.3 cm，如图8-77所示。

图8-75 打开标尺

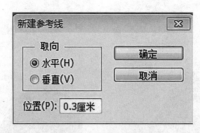

图8-76 新建参考线

图8-77 出血

步骤3 制作底图，单击工具箱中的"设置前景色"，设置颜色为（C: 74，M: 32，Y: 41，K: 0），如图8-78所示，按【Alt+Delete】组合键，将前景色填充到背景层，如图8-79所示。

图8-78 设置前景色

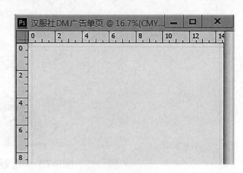

图8-79 填充底色

步骤4 制作远山，选择"文件"→"打开"命令，浏览并选中本书配套的素材文件"千里江山图.jpg"文件，如图8-80所示。

图8-80 打开文件

步骤5 选择工具箱中的"钢笔工具" ，如图8-81所示设置参数，用"钢笔工具"描绘出远山的轮廓，按【Ctrl+Enter】组合键将钢笔路径转换成选区，如图8-82所示。

图8-81 钢笔工具参数

图8-82 绘制轮廓并转换成选区

步骤6 选中"图层"面板中的"背景"图层，如图8-83所示，再选择工具箱中的"移动工具" ，将选区中的图形拖入汉服社DM广告单页，如图8-84所示。

图8-83 图层面板

图8-84 拖入图形

步骤7 在汉服社DM广告单页文件中，单击"图层"面板底部的"添加图层蒙版"按钮，如图8-85所示。

图8-85 添加图层蒙板

步骤 8 选择工具箱中的"渐变工具"■，选择线性渐变，如图8-86所示，由下而上拖动鼠标制作线性渐变，如图8-87所示。

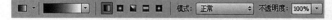

图8-86　渐变参数　　　　　　　　　　　图8-87　蒙版透明渐变效果

步骤 9 将图层重命名为"山1"，不透明度设置为66%，用同样的方法制作另外2个山峰，如图8-88所示。

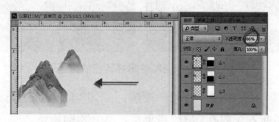

图8-88　调整不透明度效果

步骤 10 选择工具箱中的"钢笔工具"，画出远山的轮廓，按【Ctrl+Enter】组合键将钢笔路径转换成选区，如图8-89所示。设置颜色参数，如图8-90所示。单击"新建图层"按钮，按【Alt+Delete】组合键填充前景色，再添加图层蒙版，用线性渐变拉出透明效果，使用同样的方法画出其他远山，效果如图8-91所示。

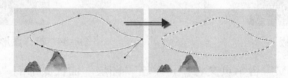

图8-89　远山轮廓

图8-90　颜色参数

图8-91　远山

步骤11 制作圆形太阳,单击"图层"面板底部的"添加图层样式"按钮 fx,如图8-92所示。在打开的"图层样式"对话框中设置参数,如图8-93所示。

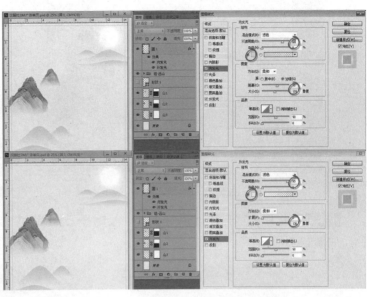

图8-92 添加图层样式　　　　　　　图8-93 设置图层样式参数

步骤12 制作人物选区,选择"文件"→"打开"命令,浏览并选中本书配套的素材文件"人.jpg",使用"钢笔工具"描出人物的轮廓,再转换成选区,如图8-94所示。

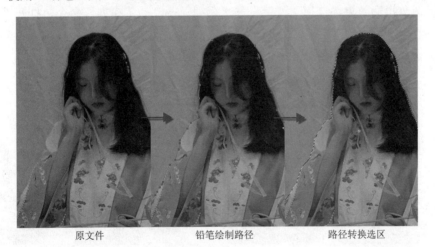

原文件　　　　　　　铅笔绘制路径　　　　　　　路径转换选区

图8-94 钢笔轮廓选区

步骤13 将选区中的人物拖移到"汉服社DM广告单页"画布,选择"编辑"→"自由变换"命令(或者按【Ctrl+T】组合键),如图8-95所示。按住【Shift】键将人等比例缩放到合适大小。

步骤14 调节色彩,选择"图像"→"调整"→"亮度/对比度"命令,打开"亮度/对比度"对话框,参数设置,如图8-96所示。

图8-95　自由变换

图8-96　"亮度/对比度"对话框

步骤15 制作云雾，用"钢笔工具"绘制祥云轮廓并转换成选区，创建新图层并填充为白色，如图8-97所示。

图8-97　祥云选区

步骤16 调节模糊效果，选择"滤镜"→"模糊"→"动感模糊"命令，打开"动感模糊"对话框，设置参数，将不透明度设置为80%，如图8-98所示。

步骤17 使用同样的方法绘制其他云雾，如图8-99所示。

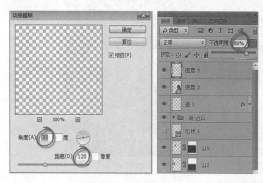

图8-98　模糊效果

图8-99　云雾缥缈

步骤18 选择工具箱中的"横排文字工具" T，单击画面输入文字"云裳花容汉服社"，调整文字参数，如图8-100所示，设置文字颜色并调整文字位置，效果如图8-101所示。

图8-100　文字参数

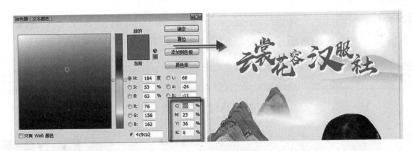

图8-101 设置文字颜色并调整文字位置

步骤19 制作标志，选择"文件"→"打开"命令，浏览并选中本书配套的素材文件"LOGO.jpg"，选择工具箱中的"魔棒工具" ，单击画面黑色部分，选择"选择"→"选取相似"命令，将黑色的标志图形全部选中，如图8-102所示。

步骤20 新建图层，移动选区到该层，设置前景色参数，按【Alt+Delete】组合键将前景色填充到选区，制作LOGO，如图8-103所示。

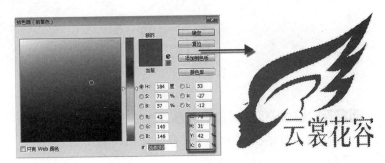

图8-102 创建选区

图8-103 设置LOGO

步骤21 选择"编辑"→"自由变换"命令（或者按【Ctrl+T】组合键），按住【Shift】键，将LOGO等比例缩放到合适大小，如图8-104所示。

图8-104 将LOGO等比例缩放到合适大小

步骤22 选择工具箱中的"直排文字工具"**T**，单击画面输入文字"翩翩汉服""共风雅"，调整文字参数，如图8-105所示，效果如图8-106所示。

图8-105　直排文字参数设置

图8-106　文字效果

步骤23 完成海报的制作后选择"文件"→"存储"命令（或者按【Ctrl+S】组合键），打开"另存为"对话框，单击"保存"按钮，将图像保存为"汉服社DM广告单页.psd"，如图8-107所示。

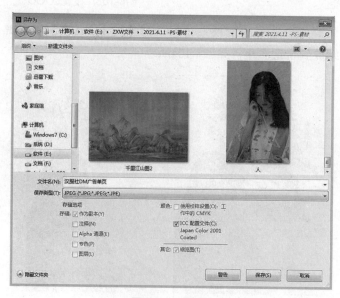

图8-107　保存

综合案例六 制作火焰文字效果

任务描述

启动Photoshop CC软件，通过滤镜等工具，制作火焰文字效果，如图8-108所示。

图8-108 火焰文字效果

任务实施

步骤1 按【Ctrl+N】组合键新建一个文件，画布大小为800像素×600像素，颜色模式为RGB颜色，分辨率为72像素/英寸，具体设置如图8-109所示，确定后把背景填充为黑色；使用"文字工具"输入"商贸学院"，颜色设置为"红色"，字体号为120，然后用"移动工具"把文字素材拖到新建的画布中，放到靠近底部区域，效果如图8-110所示。

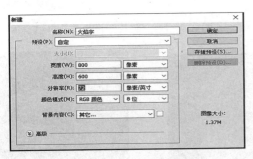

图8-109 "新建"对话框

图8-110 录入文字

步骤2 按住【Ctrl】键，单击"图层"面板文字缩略图载入文字选区，如图8-111所示。

步骤3 进入"通道"面板，单击"新建"按钮，新建一个通道，如图8-112所示。

图8-111 载入文字选区

图8-112 新建Alpha通道

步骤4 用"油漆桶工具"把选区填充为白色，取消选区后效果如图8-113所示。

步骤5 选择"图像"→"图像旋转"→"逆时针旋转90度"命令，得到图8-114所示效果。

图8-113 填充选区

图8-114 旋转效果

步骤6 选择"滤镜"→"风格化"→"风"命令，参数默认如图8-115所示，确定后效果如图8-116所示。

步骤7 按【Ctrl +F】组合键两至三次，把风效果加强一下，效果如图8-117所示。

图8-115 滤镜设置

图8-116 使用滤镜效果

图8-117 增强滤镜效果

步骤8 选择"图像"→"图像旋转"→"顺时针旋转90度"命令，如图8-118所示，效果如图8-119所示。

图8-118　旋转文字选区

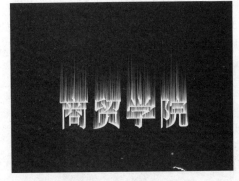

图8-119　使用滤镜最终效果

步骤9 按住【Ctrl】键的同时单击当前通道缩略图载入选区，如图8-120所示。

步骤10 返回"图层"面板，新建一个图层，用"油漆桶工具"填充橙红色：#FF5C00，取消选区后把原文字图层隐藏，效果如图8-121所示。

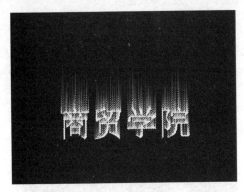

图8-120　载入选区

图8-121　填充效果

步骤11 选择"滤镜"→"模糊"→"高斯模糊"命令，弹出"高斯模糊"对话框，将半径设置为5像素，如图8-122所示，确定后效果如图8-123所示。

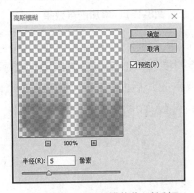

图8-122　"高斯模糊"对话框

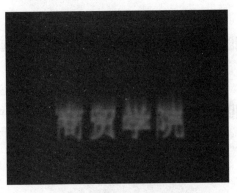

图8-123　高斯模糊滤镜效果

步骤12 选择"滤镜"→"液化"命令，如图8-124所示。

步骤13 用放大镜把文字放大到合适比例，然后选择工具箱的第一个工具，画笔压力设置为50，然后在文字上涂抹；涂抹时要结合火焰的特点，把火苗涂出来，先往上涂抹，然后调节画笔大小再涂出弧度，顶部涂细一点。这一步可能要花费很多时间，要把文字每个部分都涂出比较顺畅的火苗，涂好后单击"确定"按钮返回"图层"面板，效果如图8-125所示。

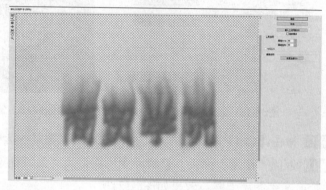

图8-124 选择"液化"命令　　　　　　　图8-125 液化滤镜使用

步骤14 涂好后有不满意的部分可以重新用液化滤镜修饰，大致满意后效果如图8-126所示。

步骤15 按【Ctrl+J】组合键把当前液化后的文字图层复制一层，锁定透明度像素区域后，用"油漆桶工具"填充橙黄色：#FAB000，再把混合模式修改为"颜色减淡"，效果如图8-127所示。

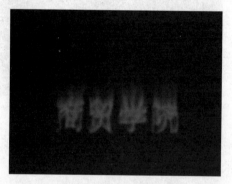

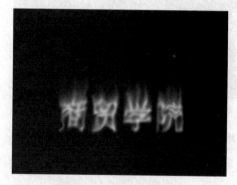

图8-126 最终液化效果　　　　　　　图8-127 增加图层效果

步骤16 按【Ctrl+J】组合键把当前图层复制一层，用"油漆桶工具"填充白色，将混合模式修改为"正常"。按住【Alt】键添加图层蒙版，用透明度较低的柔边白色画笔把文字中间区域涂亮一点，效果如图8-128所示。到这一步火焰字就初步完成，后面还需要稍微修饰一下。

步骤17 新建一个图层，按【Ctrl+Alt+Shift+E】组合键盖印图层，如图8-129所示。

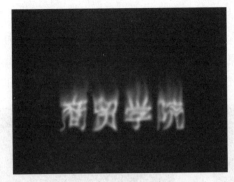

图8-128　液化修饰后的效果　　　　图8-129　创建盖印图层

步骤18 选择"涂抹工具"，强度设置为30%左右，把一些不自然的火苗再涂抹一下，效果如图8-130所示。

步骤19 选择"模糊工具"，强度设置为50%，把文字顶部及边角区域火焰适当模糊处理，效果如图8-131所示。

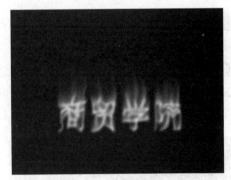

图8-130　修饰火苗　　　　　　　　图8-131　模糊后的火焰

步骤20 创建色彩平衡调整图层，对阴影、高光进行调整，参数及效果如图8-132所示。这一步微调一下火焰颜色。

图8-132　色彩平衡设置

步骤21 新建一个图层，混合模式修改为"溶解"，不透明度设置为20%，然后把前景色设置为淡黄色，用不透明度为98%的画笔给火焰顶部增加一些小火星，如图8-133所示。

步骤22 按住【Ctrl】键的同时单击原文字缩略图载入文字选区；在图层的最上面新建一个图层，用"油漆桶工具"填充黑色，取消选区后稍微移动一下，效果如图8-134所示。

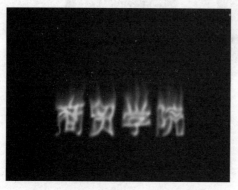

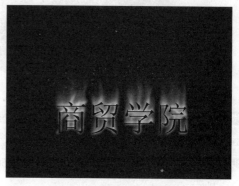

图8-133 增加火星　　　　　　　　　　　图8-134 添加文字选区

步骤23 按住【Alt】键添加图层蒙版，用透明度较低的柔边黑色画笔把顶部涂抹出透明感，如图8-135所示。

步骤24 新建一个图层，按【Ctrl+Alt+G】组合键创建剪切蒙版，把前景色设置为橙黄色：#D38320，然后用柔边画笔把文字底部及中间区域涂上前景色，最后微调一下细节，完成最终效果，如图8-136所示。

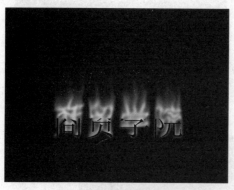

图8-135 建立蒙版效果　　　　　　　　　图8-136 创建剪切蒙版